中国海油集团能源经济研究院
CNOOC Energy Economics Institute

CHINA OFFSHORE ENERGY REPORT

中国海洋能源发展报告 2022

王 震 鲍春莉 主编

石油工业出版社

内 容 提 要

本书是中国海油集团能源经济研究院专家和骨干研究编写的关于海洋能源发展的年度报告，涉及能源经济、海洋能源、海洋工程、投资动向四个主题。

本书旨在为政府部门、相关企业及研究机构了解行业现状、把握发展趋势提供参考。

图书在版编目（CIP）数据

中国海洋能源发展报告.2022 / 王震，鲍春莉主编.

—北京：石油工业出版社，2022.11

ISBN 978-7-5183-5782-6

Ⅰ.①中… Ⅱ.①王…②鲍… Ⅲ.①海洋动力资源
–产业发展–研究报告–中国–2022 Ⅳ.①P743

中国版本图书馆CIP数据核字（2022）第216541号

中国海洋能源发展报告2022

王 震 鲍春莉 主编

出版发行：石油工业出版社
　　　　　（北京市朝阳区安华里二区 1 号楼 100011）
网　　　址：www.petropub.com
编 辑 部：(010) 64523609　图书营销中心：(010) 64523633
经　　　销：全国新华书店
印　　　刷：北京中石油彩色印刷有限责任公司

2022 年 11 月第 1 版　　2022 年 11 月第 1 次印刷
889 毫米 × 1194 毫米　开本：1/16　印张：13.75
字数：270 千字

定　价：369.00元

《中国海洋能源发展报告 2022》

编 委 会

主　　编：王　震　鲍春莉

副 主 编：孙海萍　徐本和　王学军　潘继平　彭仕云

编　　辑：苏佳纯　马　杰

成　　员：（按姓氏笔画排序）

王　恺　王　萌　王文怡　王晓光　孔盈皓

石　云　田广武　邢　悦　刘　畅　刘斐齐

孙洋洲　李　帅　李　伟　李　强　李　楠

何　萱　何　曦　邹梅妮　张　岑　张　勃

张　夏　张亦弛　张晓舟　陆忠杰　陈　铭

欧阳琰　和　旭　周彦希　郝宏娜　荆延妮

段绪强　徐　鹏　崔　忻　梁　栋

　　党的十八大以来，习近平总书记多次强调要"进一步关心海洋、认识海洋、经略海洋""建设海洋强国"。2022 年 4 月 10 日，习近平总书记在海南考察时强调："建设海洋强国是实现中华民族伟人复兴的重大战略任务。"党的二十大报告指出，发展海洋经济，保护海洋生态环境，加快建设海洋强国。建设海洋强国，对于推动高质量发展、构建新发展格局、全面建设社会主义现代化国家、实现中华民族伟大复兴，具有重大而深远的意义。

　　能源是人类文明进步的基础和动力，是国民经济发展的重要支撑。开发利用海洋能源、统筹推动海洋绿色低碳发展是建设海洋强国的重要内容。《"十四五"海洋经济发展规划》明确要求，优化海洋经济空间布局，加快构建现代海洋产业体系，着力提升海洋科技自主创新能力，协调推进海洋资源保护与开发，走依海富国、以海强国、人海和谐、合作共赢的发展道路。这为中国海洋能源可持续发展指明了方向。

　　新形势下，海洋能源将成为社会发展的重要原动力，海上油气生产已成为不可或缺的能源增长极。作为以海洋油气资源开发为核心主业的特大型国有骨干企业，中国海洋石油集团有限公司深入贯彻落实习近平总书记建设海洋强国、加快深海油气资源勘探开发重要指示精神及视频连线"深海一号"生产平台重要讲话精神，大力实施增储上产攻坚工程，国内油气生产持续保持高增长态势。在坚决执行海洋强国战略的同时，中国海油坚定绿色低碳发展方向，推进能源绿色低碳转型，积极向海上风电、海洋天然气水合物、海洋能等海洋能源产业链延伸。中国海油集团能源经济研究院（CNOOC EEI）以建设中国特色国际一流能源公司智库为目标，坚持"高端、高起点、高水平"发展要求，如期发布《中国海洋能源发展报告2022》，回顾2022年进展，展望2023年发展前景，为政府部门、能源企业、研究机构等提供参考。

《中国海洋能源发展报告2022》围绕能源经济、海洋能源、海洋工程、投资动向四大主题，跟踪分析国内外油气行业发展，剖析重大事件和热点问题，形成对油气行业发展态势的认识和判断，突出海洋特色，深度分析海洋油气、海洋风能产业，跟踪研判其他海洋新能源技术发展，对标分析石油公司的投资动向。报告结构上，能源经济篇包括第一章至第七章，宏观经济、能源供需、石油市场、天然气市场、可再生能源、碳中和经济、能源地缘政治；海洋能源篇包括第八章至第十章，海洋油气、海洋风能、海洋其他新能源发展；海洋工程篇包括第十一章和第十二章，海洋油气工程装备、海上风电工程装备；投资动向篇包括第十三章和第十四章，石油公司海洋油气投资动向、国际石油公司可再生能源投资动向。

本报告编写过程中，得到中国海洋石油集团有限公司相关部门和中国海油集团能源经济研究院专家委员会的大力支持，在此一并予以诚挚的感谢！

受能力和时间所限，报告中难免存在疏漏和不足之处，真诚希望读者提出意见和建议，帮助我们不断提高质量。

编　者

2022年11月

目录
Contents

能源经济

执行摘要

乌克兰危机影响全球能源格局
能源转型步伐阶段性放缓

2022 年，乌克兰危机爆发，欧美对俄罗斯实施金融、能源等八轮制裁。欧洲能源"去俄化"，改变着全球能源供应格局和能源市场结构。欧洲市场努力摆脱俄罗斯石油和管道天然气的限制，加大对美国、中东的油气进口，以实现新的能源来源平衡，并重启本土煤炭资源利用设施以应对短期能源危机。同时，欧盟出台"REPowerEU"能源计划，将于 2027 年完全停止从俄罗斯进口能源。欧美对俄罗斯的能源禁运将使更多的中东原油流向欧美日韩等国家和地区，而俄罗斯"东向"能源战略加速，流向欧美的油气产量快速下降，流向亚太的油气产量不断上升。

乌克兰危机使各国对能源安全的重视程度大幅提升。在全球能源价格脱离基本面大幅攀升且可再生能源尚无法承担主体能源角色的情况下，为应对能源危机，部分国家和地区重启并加大对煤炭、煤电等高碳能源的利用或者制定支持煤电的相关政策，全球清洁能源转型的步伐阶段性放缓。2022 年，全球一次能源消费中，预计煤炭、石油的占比均增加 0.3 个百分点，天然气占比下降 0.6 个百分点，非化石能源占比持平。基于此，全球与能源相关的二氧化碳排放量呈现低速增长态势，预计达到 349 亿吨。

2023 年，全球能源供需格局逐步走向新平衡，能源转型持续推进，预计非化石能源占全球一次能源的 18.2%。中国进一步落实煤电油气运保障工作协调机制，稳步有序推进能源转型，实现化石能源与新能源多能互补。能源消费总量将持续增长，预计达到 54.5 亿吨标准煤。

国际油价重上 100 美元／桶高位
中国原油年产量超过 2 亿吨

2022 年，全球石油市场供需呈紧平衡状态，需求基本恢复至疫情前水平。全球石油产量 93.8 百万桶／天，同比增长 4.4%；全球石油消费量（含原油、凝析油、天然气液等）约为 95.8 百万桶／天，同比增长 1.9%，增速明显放缓。受乌克兰危机等因素影响，国际油价大幅攀升后高位震荡，全年 Brent 均价约 100 美元／桶。全球一次炼油能力达到 100.6 百万桶／天，同比增长 0.99%；炼油厂开工率预计达到 79%，成品油供应量 60.1 百万桶／天，同比增长 3.8%。西方国家放松新冠肺炎疫情防控要求，成品油需求快速增长，全球地区性供需不平衡矛盾进一步凸显。

2022 年，中国原油产量持续增长，原油需求和对外依存度均小幅下降。中国继续加大油气勘探开发力度，老油田产量衰减速度放缓，新油田投产加快，预计全年原油产量 2.05 亿吨，同比增加近 600 万吨，2016 年以来原油产量首次超过 2 亿吨。受疫情、经济增速放缓、电动汽车快速渗透等影响，预计全年原油表观消费量 7.06 亿吨，同比下降 1.2%。预计全年原油进口量 5.01 亿吨，对外依存度下降至 70.9%。预计国内炼油总产能达 9.4 亿吨／年，增长 3600 万吨／年；原油加工量 7.03 亿吨，同比下降 1.1%；炼厂开工率 74.8%，下降 3.9 个百分点。成品油产量降低 6.2%，成品油消费量下降 8.1%，国内供应相对宽松。

2023 年，全球石油供应略偏紧，市场需求存在较大的不确定性，国际油价维持高位；中国经济企稳向好，石油需求平稳增长，预计原油需求量 7.20 亿吨，成品油表观消费量 4.01 亿吨。

全球天然气贸易流向发生深刻变化
中国天然气产量稳步增长

2022 年，乌克兰危机导致全球天然气产量及消费量下行，分别同比下降 0.4%、0.5%，其中欧洲天然气消费量降幅高达 9.6%。全球天然气价格屡创历史新高，预计全年 TTF 均价为 37 美元 / 百万英热，同比增长 129%，东北亚 LNG 现货、美国 Henry Hub 现货均价分别为 35 美元 / 百万英热、6.6 美元 / 百万英热，分别同比增长 136%、80%。全球 LNG 贸易持续增长，亚太地区仍为全球第一大 LNG 进口地；欧洲进口增幅最大，高达 51.9%；美国出口增量最大，达 11.4%。2023 年全球天然气产销量均将放缓，天然气价格或持续高位态势。

2022 年，中国天然气产供储销体系不断完善。天然气价格改革持续深化，产能建设加快，天然气互联互通持续深化，管网系统供应能力、储气调峰能力持续提升，LNG 接收站建设稳步推进。但多种因素叠加导致天然气需求疲软，消费量小幅下降，天然气进口量下行，对外依存度有所下降。

2022 年，预计中国全年天然气产量 2211 亿立方米，同比增长 6.5%，增量主要来自鄂尔多斯、四川、塔里木等主要产气盆地。LNG 进口大幅减少，预计天然气进口量 1576 亿立方米，同比下降 7.3%。预计全年天然气消费量 3711 亿立方米，同比下降 0.4%。工业燃料和城市燃气仍是天然气消费两大主要领域。

2023 年，中国经济稳定向好，天然气市场将有所复苏，供需基本平衡。预计天然气消费量 3920 亿立方米，同比增长 5.6%；天然气产量持续增长，预计达到 2315 亿立方米，同比增长 4.7%；中俄管道气进口量持续增长，LNG 进口增速转正。

全球海洋油气投资持续增长
中国占全球海上钻井工作量近 40%

2022 年，全球海洋油气投资大幅增长，带动勘探开发活动持续回暖。预计全球海洋油气勘探开发投资 1672.8 亿美元，同比增长 21.3%，占油气总投资的 33.2%；深水、超深水投资显著增长；亚洲和中东是投资最高的区域。全球海上钻井工作量同比增长 16.3%，全球近 40% 的工作量来自中国海域。截至 2022 年 10 月 31 日，全球海洋新增探明可采储量约 63.8 亿桶油当量，占全球新增探明可采储量（不含陆上非常规油气）的 80%。全球海洋油气新建投产项目 78 个，占油气新建投产项目的 41%；项目单位开发投资 8.83 亿美元 / 个，同比增长 46%。

2022 年，受高油气价格提振，预计全球海洋石油产量 27.1 百万桶 / 天，同比上升 0.9%；全球海洋天然气产量 1.16 万亿立方米，同比增长 0.5%。

全球海洋油气成本维持低水平。截至 2022 年 10 月 31 日，由于圭亚那、巴西等地获得勘探大发现，超深水油气发现成本下降较快，降幅为 24.4%。全球海洋油气在产项目操作成本约为 9.86 美元 / 桶油当量，同期上升 13.9%，高出同期陆上项目 11.2%。

2022 年，全球海洋油气勘探区块招投标缓慢复苏。预计开展招投标 48 轮，已授权区块 110 个。全球海洋油气并购交易规模创近年新高，比上一年同期增长 130%；中东是并购交易最活跃的地区，交易规模占比高达 59%。

2023 年，预计全球海洋油气投资继续增长，勘探活动持续回暖，海上新发现将引领全球油气新增储量增长，海洋石油产量稳步增长，海洋天然气产量稳步回升。

中国海洋油气勘探获重大突破
海洋原油继续担当增产主力

2022 年，中国持续加大海洋油气勘探开发力度，勘探发现成果显著。勘探投入比例不断提升，以寻找中大型油气田为主线，聚焦风险勘探和领域勘探，推进油气新发现和储量增长，先后获得 7 个油气新发现，评价了 20 个含油气构造。发现了中国首个深水深层大气田——宝岛 21-1 气田；成功评价了渤中 26-6 含油气构造和渤中 19-2 含油气构造，探明石油地质储量合计超过 1 亿吨，实现了海上页岩油勘探重大突破；涠页 -1 井测试成功，初步评价显示南海北部湾页岩油资源量 12 亿吨，揭示了海上页岩油的良好前景。

2022 年，中国海洋油气投资持续增长，开发取得重大突破，海洋油气产量再创新高，海洋石油贡献全国石油增产量的一半以上。预计海洋石油产量 5862 万吨，同比增长 6.9%，渤海海域、南海东部海域是海洋石油上产的主要区域；海洋天然气产量 216 亿立方米，同比增长 8.6%。"深海一号"大气田投产一年，已稳定生产供应天然气超 30 亿立方米，成为中国东南地区主要新增国产气供应区。渤海湾首个千亿立方米大气田渤中 19-6 凝析气田一期项目顺利开工建设，将为京津冀及环渤海地区提供更加安全、清洁、低碳的能源保障。

2023 年，中国将进一步加大海洋油气勘探开发力度，着力寻找大中型油气田，加强产能建设，全力推进海洋油气增储上产，为保障国家能源安全做出新贡献。中国海洋油气产量将继续增加，预计海洋石油产量突破 6000 万吨大关，继续保持全国石油生产增量的领军地位，海洋天然气产量突破 230 亿立方米。

数字化技术提升海洋油气开采效率
中国深水油气技术取得新突破

数字化技术促使海洋油气勘探开发向更高效率、更高质量方向发展。勘探领域，可控震源、精密数字地震仪及宽频带、宽方位、高密度地震勘探技术大幅提升采集质量，虚拟现实技术促进海量复杂数据与模型的实时分析，地质目标识别能力明显增强。开发领域，水下生产系统、长距离海底管线回接等技术进步，促进作业模式从水上向水下发展，智能油田实现全面感知、整体协同、科学决策和自主优化，大幅提升开发效率。工程技术领域，自适应钻头、智能钻机以及适用于高温高压环境的井下工具等技术进步不断刷新深水深层钻探纪录。工程装备领域，虚拟技术、人工智能技术等成为海洋工程建设和装备制造领域的发展方向，进一步推动海洋油气工程建设和装备向少人化、无人化方向发展。数字化领域，油气行业纷纷拥抱云计算，在云上部署专业平台和软件成为近年来油气企业数字化转型的重要选择。

中国深水油气技术取得长足进步，基本掌握了常规深水、超深水及深水高温高压整套深水钻探技术。全球首艘获得挪威船级社智能认证的钻井平台"深蓝探索"在中国珠江口盆地成功开钻，使中国跃升为全球能够自主开展深水油气勘探开发的国家之一。自主研发的深水水下生产系统和自主设计建造的深水导管架平台"海基一号"正式投入使用，深水超大型导管架平台的设计、建造和安装能力达到世界一流水平，标志着中国深水油气开发关键技术装备研制取得重大突破。

全球海洋工程装备市场持续向好
中国保持装备规模全球领先

2022 年，全球海洋油田服务装备需求延续向好走势，利用率达到 2015 年以来新高。反映产业景气度的移动式钻井平台、大于 4000 马力三用工作船和大于 1000 载重吨平台供应船的全球平均利用率分别增长至 63%、70%、70%。起重船、铺管船和水下工程船等主力海洋工程服务装备市场 2022 年开始逐步好转，但全球需求仍处于低位，复苏滞后于油田服务装备。

中国保持装备规模全球领先。海洋油田服务和工程服务的装备利用率均远高于全球平均水平，起重船尤为突出，高出 42 个百分点。中海油服 12 艘 LNG 供应船投用，标志着中国跨入装备清洁能源利用国际先进行列。

2022 年，预计全球海上风电专用工程船总量 755 艘，同比增长 8.9%；在中国"抢装潮"后海上风电安装船市场回归平稳发展，需求进入蓄力期，仅交付 5 艘，但新增订单 25 艘且吊装能力升级至 16 兆瓦级；船舶租金保持高位，因机组类型不同呈现分化态势。伴随风电场开发，运维船需求稳步增长，预计新增 58 艘，同比增长 34.9%。

中国海上风电工程装备规模全球第一。在役海上风电安装船 50 艘，占全球的 62.5%；在役风场建设船 97 艘，占全球近 30%；海上风电运维市场空间逐步释放，运维船舶投资加速发展，专业运维母船启动建造并将于 2023 年服役，结束中国无专业运维母船的局面。

2023 年，全球海洋工程油气装备市场需求、装备利用率将持续得到改善。全球海上风电安装船新增订单将再创新高，大吊力运装一体安装船成为主流。

国家石油公司对海洋油气产量贡献最大
国际石油公司低碳并购再创新高

2022 年，石油公司在高油价的驱动下纷纷扩大投资以增加产量，海洋油气资本性支出回升至 939 亿美元，但仍未恢复到疫情前水平。海洋油气的重点投资区域主要位于中东、北美、北欧等地区。非洲地区投资增幅较大，同比增长 22.5%。预计非洲海洋油气开发生产活跃度大幅提升，未来几年产量将出现突破。

2022 年石油公司海洋油气产量同比增长 2.4%，创历史新高。主要特点有：一是国家石油公司在海洋油气产量中贡献最大，贡献率超过 60%；二是海洋油气生产区域分布相对集中，中东地区是海洋油气产量最集中的地区，达到 41.8%；三是海洋天然气在海洋油气产量中的占比逐步提高，已增长至 44%。

国际石油公司过去几年的海洋油气投资呈现两大趋势：一是投资效率提高，借助技术进步和成本控制，稳产所需的投资下降；二是资产归核化，投资集中于资源禀赋好、成本低、回收周期短的项目。这一趋势预计仍将持续，未来存在产量接替能力不足的风险。

国际石油公司发展低碳业务是顺应能源转型趋势的必然选择。乌克兰危机对国际石油公司能源转型战略并未造成实质影响，低碳投资继续快速增长，并购与直接投资仍是国际石油公司快速拓展低碳业务的重要方式。预计 2022 年低碳并购交易规模将再创新高，超过 150 亿美元。海上风电是海洋可再生能源并购交易的主要领域，道达尔能源表现尤为突出。低碳技术并购呈现多元化发展趋势，主要涉及陆上风电、光伏发电、海上风电、生物燃料等领域。

海上风能成为可再生能源重要支撑
多种海洋新兴能源技术蓬勃发展

气候变化和地缘政治危机叠加使各国坚定能源转型目标，纷纷出台更具雄心的可再生能源发展计划，以海上风能为主的海洋能源成为各海洋国家发展可再生能源的重要支撑。2022 年，全球可再生能源保持快速发展态势，发电装机总量达到 3354 吉瓦，占全球电力总装机量的 40%。全球海上风电并网装机规模同比增长 26%，达到 6850 万千瓦，约占全球可再生能源发电装机总量的 2%，未来这一比例将稳步提高。中国、英国继续保持全球海上风电累计和新增装机容量的前两位。

2022 年，预计中国海上风电累计并网装机容量 3250 万千瓦，接近全球装机规模的 50%。各省陆续发布海上风电"十四五"规划，规划新增装机规模约 5500 万千瓦，并将大力推动"海上风电 + 海洋牧场"等融合发展模式。深远海尤其是漂浮式海上风电从规划走向实施，"十四五"期间将进入发展快车道。在中国推动可再生能源进入大规模、高比例、市场化、高质量发展的新阶段中，海上风能在沿海省份的发电量占比有望从目前的 2% 提高到 2050 年的近 20%。

2023 年，全球海上风电发展将重回快车道，中国海上风电新增装机量预计超过 1000 万千瓦。

其他海洋新型能源技术目前尚未完全成熟，仍处于工程验证或是商业化示范阶段，欧洲地区处于相对领先位置。其中，海上光伏和海上氢能技术近两年发展较快，在示范项目中与海上风能融合发展的特点较突出。海洋能中潮流能在商业化示范项目上有所突破。海洋天然气水合物、海洋生物质能进展较慢。

中国"双碳"政策体系持续完善
碳市场建设稳步推进

2022 年是全面贯彻落实中国碳达峰碳中和"1+N"政策体系的关键一年。中国从经济社会发展绿色转型、产业结构调整、清洁低碳能源体系构建、低碳交通运输体系建设、城乡建设绿色低碳发展、重大科技攻关、碳汇能力提升、对外合作、体制机制保障等方面明确政策要求，构建政策体系的四梁八柱，统筹指导分领域分行业行动方案的制订。

绿色金融在能源转型过程中扮演关键角色。中国是绿色金融发展的引领者。2022 年前三季度，中国绿色贷款余额达到 20.9 万亿元，同比增长 41.4%，存量规模居全球前列。境内绿色债券累计发行规模超万亿元人民币。截至 2022 年 10 月 31 日，全国碳排放权现货市场累计成交额 85.6 亿元。

全国碳排放权交易市场运行一年多来，技术规范和基础设施逐步完善，市场运行平稳有序，交易价格稳中有升，碳定价机制在企业减碳过程中的作用得到强化，促进企业温室气体减排和加快绿色低碳转型的作用初步显现。

2023 年，《碳排放权交易管理暂行条例》有望出台，碳排放权期货可能挂牌上市，绿色低碳发展的税收政策体系进一步健全。预计全国碳排放权现货市场成交均价将上涨至 63 元 / 吨，引导生产、消费、投资向低碳方向转型。"十四五"末或"十五五"初，随着石化、化工、建材、钢铁等重点排放行业逐步纳入全国碳市场，全国碳市场的配额总量将快速上升，预计碳配额总量将占中国二氧化碳排放总量的 80% 左右。

能源经济

第一章 宏观经济

第一节 全球经济回顾与展望

一、2022年全球经济回顾

全球经济增速有所放缓。2022年,全球经济复苏动能减弱,受新冠肺炎疫情、地缘政治、高通胀率和货币紧缩等多重因素影响,供给端和需求端均面临下行压力,工业生产、企业投资、居民消费、国际贸易增长放缓,经济增速明显回落。2022年,预计全球经济增速在3.2%左右(图1-1)。

全球生产和贸易仍待恢复。虽然供应链瓶颈逐渐缓解,但主要经济体劳动力依然短缺。受供应紧张和消费需求疲弱影响,国际贸易增速回落。

全球通胀风险显著加剧。乌克兰危机加剧全球供应短缺,能源等大宗商品价格显著上行,全球通胀压力加大。对此,除中国、日本外的各主要经济体纷纷大幅加息以抑制通胀。

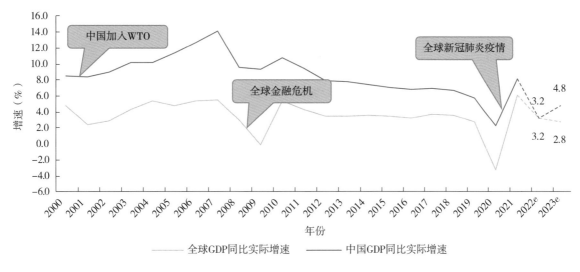

图 1-1 全球和中国 GDP 增长趋势
数据来源:IMF、CNOOC EEI

15

二、2023 年全球经济展望

发达经济体面临经济衰退风险。虽然全球多国加息有利于抑制物价上涨，但乌克兰危机或持续支撑能源价格，通胀水平将仍处于历史高位。对此，发达经济体货币政策将继续收紧，显著抑制需求增长，欧元区和美国经济大概率将陷入衰退。2023 年，预计全球经济增速在 2.8% 左右（表 1-1）。

发展中经济体债务危机风险加剧。全球流动性收紧推升融资成本，避险需求加速资本回流发达经济体，美元升值施压非美元货币，叠加能源和食品价格的冲击，部分脆弱的发展中经济体债务危机风险将进一步加剧。

表 1-1　全球和主要经济体经济增速

预测机构	国家 / 地区	2022 年（%）	2023 年（%）
IMF （2022.10）	全球	3.2	2.7
	中国	3.2	4.4
	美国	1.6	1.0
	日本	1.7	1.6
	欧元区	3.1	0.5
	发达经济体	2.4	1.1
	发展中经济体	3.7	3.7
世界银行 （2022.6）	全球	2.9	3.0
	中国	4.3	5.2
	美国	2.5	2.4
	日本	1.7	1.3
	欧元区	2.5	1.9
	发达经济体	2.6	2.2
	发展中经济体	3.4	4.2
OECD （2022.9）	全球	3	2.2
	中国	3.2	4.7
	美国	1.5	0.5
	日本	1.6	1.4
	欧元区	3.1	0.3
CNOOC EEI （2022.10）	全球	3.2	2.8
	中国	3.2	4.8

数据来源：IMF、世界银行、OECD、CNOOC EEI。

第二节　中国经济回顾与展望

一、2022 年中国经济回顾

中国经济增速下行压力较大。2022 年，面对复杂严峻的国内外形势和多重超预期因素，中国经济运行出现了一定的波动。二季度，受到国际环境和国内疫情影响，主要经济指标收缩。下半年，随着高效统筹疫情防控和经济社会发展成效不断显现，经济增速企稳回升。整体来看，农业生产形势较好，工业生产恢复加快，服务业持续恢复，市场销售逐步改善，固定资产投资稳中有升，货物进出口较快增长，就业形势总体稳定，居民收入平稳增长，贸易结构继续优化，主要经济指标均在合理区间。2022 年中国 GDP 增速预计在 3.2% 左右（图 1-1）。

政策积极发力，经济稳增长。一是积极的财政政策在扩大需求上积极作为。专项债额度加快下达并形成实物工作量，一揽子稳增长政策措施有效实施。二是稳健的货币政策保障流动性合理充裕。利率水平稳中有降，中国 10 年期国债收益率保持在 2.85% 以下（图 1-2）。CPI 温和上涨，PPI 涨幅回落。三是人民币汇率预期总体平稳。在美元走强带来的压力下，人民币汇率震荡走贬，但币值稳定性强于多数非美元货币，全年均值在 6.75 左右（图 1-3）。

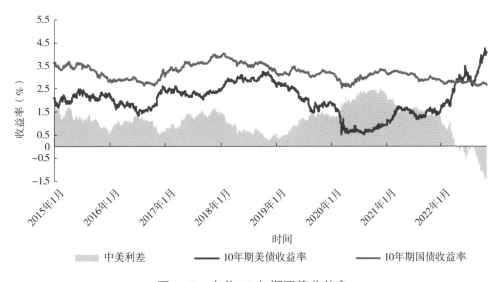

图 1-2　中美 10 年期国债收益率
数据来源：Wind

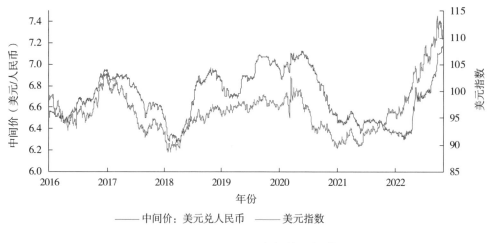

图 1-3　人民币汇率与美元指数
数据来源：Wind

二、2023 年中国经济展望

中国经济增速将有所回升。当前中国经济面临多重风险和挑战：国内疫情仍存在多点散发的风险，房地产投资面临下行压力，外需疲弱对出口形成拖累。政策将继续高效统筹疫情防控和经济社会发展工作，在宏观政策的作用下，基建和制造业投资继续发力，发挥对经济的托底作用；消费潜力将逐步释放，发挥经济增长的重要引擎作用。2023 年，预计中国 GDP 增速在 4.8% 左右。

宏观政策将发力扩大需求。一是财政政策将弥补社会需求不足。通过扩大政策性开发性金融工具规模、地方政府用足用好专项债务限额等多种方式支持实体经济复苏。二是货币政策将保持宽松。流动性保持合理充裕，信贷总量增长的稳定性增强，企业融资成本持续降低。预计利率水平窄幅波动，中国 10 年期国债收益率在 2.8% 左右。CPI 温和增长，PPI 继续回落。三是人民币汇率将在合理均衡水平上保持双向波动。美国继续加息将给人民币带来一定的贬值压力，但基本面韧性对人民币形成支撑，预计 2023 年人民币兑美元汇率均值在 6.9 左右。

（本章撰写人：何　曦　王　萌　审定人：张　夏）

第二章　能源供需

第一节　全球能源市场回顾与展望

一、2022 年全球能源市场回顾

1. 能源消费量增速放缓

2022 年，全球新冠肺炎疫情持续、乌克兰危机爆发、通胀攀升等，致使能源消费增速放缓。全球一次能源消费量预计达到 145.2 亿吨油当量，同比增长 2.5%，对比 2021 年能源消费的高速反弹，一次能源消费增速下降 3 个百分点（图 2-1）。

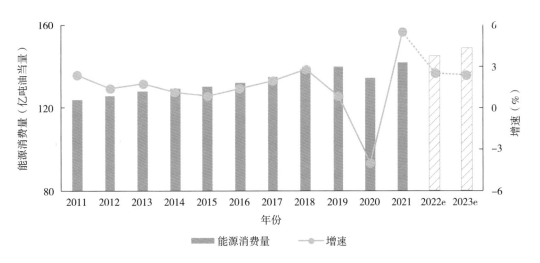

图 2-1　全球一次能源消费量及增速
数据来源：bp、CNOOC EEI

2. 能源消费强度持续下降

2022 年，全球单位 GDP 能耗预计降至 1.62 吨油当量 / 万美元（2015 年不变价），同比下降 0.7%，较 2011 年下降 12.4%（图 2-2）。

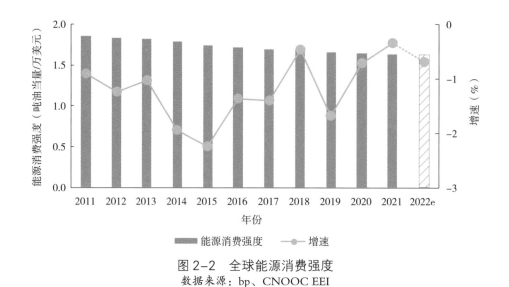

图 2-2　全球能源消费强度
数据来源：bp、CNOOC EEI

3. 能源供应格局重构

乌克兰危机爆发后，欧盟对俄罗斯先后实施八轮制裁，全球化石能源价格脱离基本面大幅攀升，呈现高位震荡的态势。欧盟能源"去俄化"导致国际能源市场重构：一方面，欧洲努力摆脱对俄罗斯化石能源的依赖，采取加大其他途径进口 LNG、重启本土煤炭资源利用等措施；另一方面，美欧对俄罗斯原油的禁运，使得更多的中东原油流向欧美日韩等，而俄罗斯乌拉尔原油被运至印度等亚洲国家，导致运费大幅增加。

4. 清洁能源转型步伐阶段性放缓

全球多个国家和地区的能源政策在短期内出现明显转向。2022 年，部分国家和地区为保障能源安全，叠加能源价格高企和乌克兰危机的重要影响，重启并加大对煤炭、煤电等高碳能源的利用，清洁能源转型步伐阶段性放缓。例如：荷兰为缓解天然气短缺、避免冬季供暖困难，三座煤电厂已获准满负荷运行；德国、法国、奥地利等国家正在计划重启煤电厂或制定支持煤电的政策。

2022 年，全球化石能源在一次能源消费结构中的占比与上一年基本持平，煤炭和石油消费占比提升，天然气消费占比下降，非化石能源短期发展有所滞缓，占比不变（图 2-3）。

5. 与能源相关的二氧化碳排放量低速增长

2022 年，由于能源转型节奏放缓，全球与能源相关的二氧化碳排放量将随能源消费量的增长持续上升，预计达到 349 亿吨，同比增长 3.1%，略高于能源消费量增速 0.6 个百分点；全球单位能耗二氧化碳排放量呈现小幅上升，预计增至 1.68 吨 / 吨标准煤（图 2-4）。

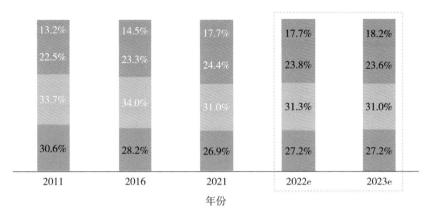

图 2-3　全球一次能源消费结构
数据来源：bp、CNOOC EEI

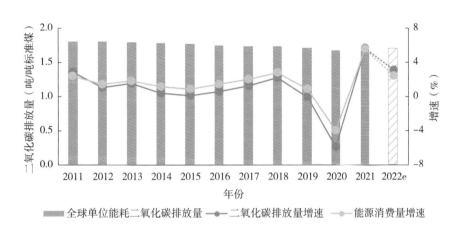

图 2-4　全球单位能耗二氧化碳排放量及增速对比
数据来源：bp、CNOOC EEI

二、2023 年全球能源市场展望

1. 全球能源消费增长乏力

2023 年，全球经济可能陷入衰退，能源消费增长动力不足，能源供需格局将逐步走向新的平衡；多重因素将支撑国际能源价格中高位运行，进一步限制能源消费增长。预计全球能源消费将达到 148.7 亿吨油当量，同比增长约 2.4%，消费增速环比下降。

2. 全球能源供应格局进一步调整

2023 年，全球液体燃料受前期上游投资不足制约，叠加欧美对俄罗斯制裁的影响，整体供应增长空间不大。在需求低速增长的情景下，能源供应格局进一步调整。欧洲市场将努力摆脱俄罗斯石油和管道天然气的限制,加大对美国、中东的油气进口以实现新的平衡。俄罗斯"东向"能源战略加速,流向美欧的油气量快速下降,流向亚太的油气量不断上升。

3. 全球能源转型持续推动

短期来看,煤炭将成为欧洲天然气的替代选项,部分国家重启退役燃煤电厂。国际天然气价格高位和地区结构性不平衡使部分国家被迫转向燃料油、煤炭和其他高碳燃料,影响全球能源转型进程。然而,为保障国家能源安全、降低或摆脱对化石能源进口的依赖,各国仍将高度重视非化石能源的长期布局,新能源发展仍然前景广阔。

2023 年,预计全球一次能源结构与 2022 年差异不大,煤炭占比基本不变为 27.2%;石油占比降至 31.0%,下降 0.3 个百分点;天然气占比略有下降;非化石能源占比增至 18.2%(图 2-3)。

第二节　中国能源市场回顾与展望

一、2022 年中国能源市场回顾

1. 能源消费总量低速增长

2022 年,国际能源价格大幅上涨使国内用能成本大幅提升,加上国内疫情多点散发,中国经济持续增长但不及预期目标,用能企业开源节流,国内能源消费呈低速增长。预计 2022 年中国一次能源消费总量为 53.2 亿吨标准煤,增速仅为 1.5%,较 2021 年的能源消费增速 5.2% 低了 3.7 个百分点(图 2-5)。

2022 年,中国能源消费强度在能源转型背景下将进一步下降。预计单位 GDP 能耗为 0.6 万吨标准煤 / 亿元(2010 年不变价),较 2021 年下降 1.7%,较 2011 年下降 30.2%,降幅远高于全球平均水平(图 2-6)。

2. 能源安全仍是重中之重

2022 年,中国进一步明确了煤炭、煤电的兜底保障能力,并强调持续提升油气勘探开发力度,积极推进输电通道、储气库等基础设施建设,增强能源供应链弹性和韧性,有力保障国家的能源安全。2022 年中国一次能源生产总量预计达到 45.5 亿吨标准煤,能源自给率达到 85.5%,较 2021 年提升 2.9 个百分点,能源自给能力进一步提升(图 2-7)。

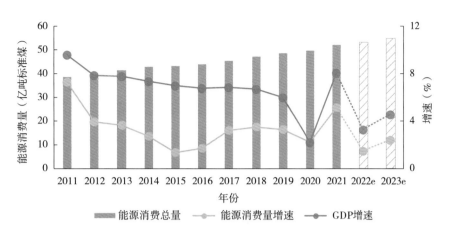

图 2-5　中国一次能源消费量及增长率
数据来源：国家统计局、CNOOC EEI

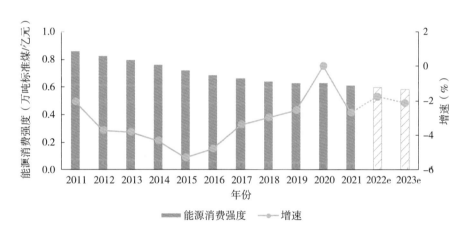

图 2-6　中国能源消费强度（2010 年不变价）
数据来源：国家统计局、CNOOC EEI

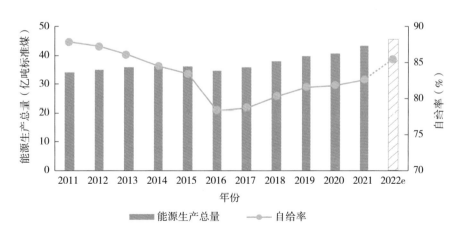

图 2-7　中国一次能源产量及自给率
数据来源：国家统计局、CNOOC EEI

3. 能源结构持续平稳优化

能源绿色低碳转型是实现碳中和目标和能源独立自主的重要举措。2022 年，涉及能源领域的"十四五"规划以及碳达峰碳中和"1+N"政策文件陆续发布，能源"先立后破、安全稳步转型"的理念深入人心，成功遏制了"运动式"减碳的不良趋势。供给端，加强煤炭安全托底保障、鼓励煤炭清洁利用、发挥煤电支撑性调节作用、增强油气供应能力并完善产供储销体系建设、大力发展非化石能源、构建新型电力系统等一系列有效措施保障了能源安全稳定供给和平稳转型。消费端，大力推行节约优先原则，提高用能效率，减少碳足迹。

2022 年，中国非化石能源占比是所有能源种类中增速最快的，预计提高至 17.2% 左右，同比增加 0.6 个百分点；煤炭消费占比仍居首位，达到 56.4%，同比增长 0.4 个百分点；石油占比小幅下降至 17.8%；天然气占比下降至 8.6%（图 2-8）。

图 2-8 中国能源消费结构
数据来源：国家统计局、CNOOC EEI

4. 与能源相关的二氧化碳排放量增速放缓

2022 年，中国能源消费总量持续上升，但控制化石能源消费的政策导向更加鲜明，与能源相关的碳排放总量预计小幅提升至 105.5 亿吨，同比增长 0.3%（图 2-9），是近五年的新低。随着中国能源消费总量低速增长、能源利用效率提升、能源消费结构优化，预计与能源相关的二氧化碳排放量增速也将随之放缓。

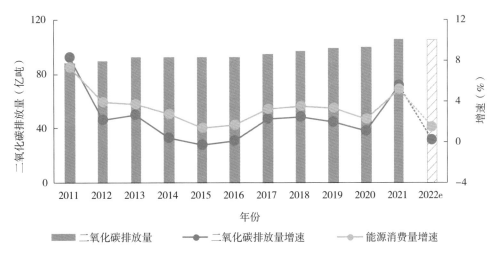

图 2-9　中国与能源相关的二氧化碳排放量
数据来源：国家统计局、bp、CNOOC EEI

二、2023 年中国能源市场展望

1. 强化能源保供稳价

能源安全是能源发展的基本要求与底线，能源价格稳定是经济发展的基础，能源保供稳价是较长一段时间的重要任务。2023 年，我国将进一步发挥煤电油气运保障协调机制，分实迎峰度夏度冬能源基础，压实地方和企业能源保供主体责任；持续加大国内自产能源"增产、稳供、扩销、稳价"，维护经济平稳运行；持续优化能源市场价格形成机制，多措并举保障能源供给稳定。

2. 持续推动能源消费革命

2023 年，清洁能源仍将是中国能源消费增长主力。立足能源节约优先，提高能源使用效率，推动重点领域节能降碳；加快工业领域高耗能行业的电气化升级改造，大力培育新兴产业和绿色产业，建立低碳工业体系；加快推动交通领域电动汽车、电气化铁路、港口岸电、内河航运清洁化发展；推进建筑炊事、供热、制冷等电气化发展，加快形成绿色生产生活方式。预计 2023 年中国一次能源消费总量仍将持续增长，达到 54.5 亿吨标准煤，同比增长 2.4%。

3. 稳妥有序推进能源低碳转型

能源低碳转型在保证能源安全和维持经济社会平稳运行的基础上，稳妥有序推进。推动煤炭等传统能源清洁高效利用，推动风能、太阳能等可再生能源有序开发利用，推动氢能、新型储能等绿色低碳技术创新和新型电力系统建设步伐，加快构建多能智慧高效协同的现代能源体系，推动能源多类型多路径供应，实现化石能源与新能源多能互补。2023 年，预计非化石能源在中国一次能源消费中的比重上升至 17.9%，天然气占比提升至 8.7%；煤炭和石油占比均有所下降，分别降至 56.2% 和 17.2%（图 2–8）。

4. 加快推动能源基础设施高质量发展

2023 年，中国将加大新型电力基础设施建设力度，稳步推进西部地区重点大型风电光伏基地、西南水电基地以及电力外送通道建设；强化能源安全保供基础设施建设，加快提升网间电力互济能力，完善原油和成品油长输管网体系，加快天然气管网建设和互联互通，拓展西气东输、川气东送等干线通道及南北联络线；持续推动能源基础设施数字化智能化升级等。

（本章撰写人：荆延妮　刘斐齐　审定人：孙海萍）

第三章 石油市场

第一节 国际石油市场回顾与展望

一、2022年国际石油市场回顾

1. 全球石油市场需求持续增长

2022年，受经济疲软、通胀高企、疫情反复、地缘政治和极端天气等因素影响，全球液体燃料（含原油、凝析油、天然气液、生物燃料等）需求持续增长但增速明显放缓，全年均值约为99.6百万桶/天，同比增长约1.9百万桶/天（图3-1），比2019年疫情前水平低约1.0百万桶/天。需求增量主要来自中东地区（同比增长约0.5百万桶/天）、美国（0.4百万桶/天）、印度（0.4百万桶/天），中国因受疫情影响需求同比下降约0.6百万桶/大。2022年全球石油消费（含原油、凝析油、天然气液等）约为95.8百万桶/天，同比增长1.9%（图3-2）。

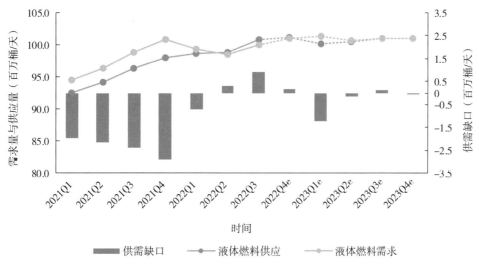

图3-1 2021—2023年全球液体燃料供需
数据来源：EIA、IEA、CNOOC EEI

2. 全球石油市场供应偏紧

2022 年，俄罗斯石油产量下降，美国增产有限、"OPEC+"启动大幅减产，全球液体燃料供应约为 99.9 百万桶 / 天，整体偏紧。全球石油产量 93.8 百万桶 / 天（图 3-2），同比增长 4.4%，其中，OPEC 国家石油产量 34.1 百万桶 / 天，同比增长 7.7%；非 OPEC 国家石油产量约 59.7 百万桶 / 天，同比增长 2.7%。受乌克兰危机影响，俄罗斯石油产量约为 10.8 百万桶 / 天，同比下降 0.2 百万桶 / 天，降幅 1.8%，比 2019 年低约 1 百万桶 / 天。受社会能源转型意识增强、政府长期政策不明朗、融资成本增加、通货膨胀高企等因素影响，美国油气生产商普遍采取保守的生产经营策略，缺乏再投资的积极性。美国石油产量约为 17.6 百万桶 / 天，同比增长约 1 百万桶 / 天，涨幅 6.0%，比 2019 年高约 0.5 百万桶 / 天；其中页岩油产量 8.2 百万桶 / 天，同比增长约 0.6 百万桶 / 天，涨幅 7.9%，比 2019 年高约 0.15 百万桶 / 天。由于供应偏紧且石油价格飙升，美国等 OECD 主要消费国大规模释放战略石油储备，全球石油库存持续下降至近二十年低点；生物燃料生产持续增长，实现产量约 2.9 百万桶 / 天，同比增长 3.6%。

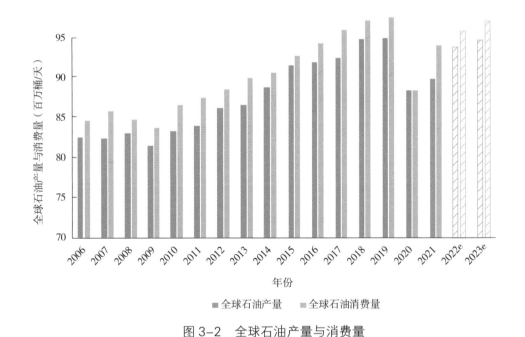

图 3-2　全球石油产量与消费量
数据来源：bp、CNOOC EEI

3. 国际油价冲高回落

2022 年，国际油价大幅攀升后高位震荡并于年中震荡下行（图 3-3），预计全年 Brent 均价约 100 美元 / 桶。推升油价走高的主要因素包括：一是乌克兰危机等地缘政治因素抬升风险溢价；二是全球石油需求总体保持增长态势；三是受俄罗斯产量下降、美国增产有限、

"OPEC+"启动大幅减产的影响，全球石油市场供应偏紧；四是全球石油库存处于历史低位为油价提供支撑。导致油价下行的主要因素包括：一是全球经济前景显著恶化，经济衰退风险大；二是变异新冠病毒在全球反复肆虐，中国疫情多点散发；三是欧美通胀水平连创新高，欧美央行加快加息进程。

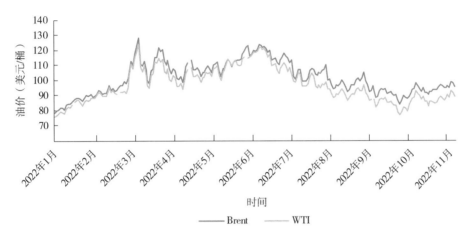

图 3-3　2022 年国际油价走势
数据来源：Wind

二、2023 年国际石油市场展望

1. 石油市场需求增长存在不确定性

2023 年，全球液体燃料需求主要受经济前景及疫情扰动的影响，存在不确定性。在疫情得到有效应对、全球出行进一步恢复、欧美经济出现温和衰退、新兴经济体保持增长的前提下，预计全球液体燃料需求缓慢增长至 101.2 百万桶 / 天，同比增长 1.6%。亚洲地区是增长的最主要动力，同比增长约 1.4 百万桶 / 天，其中，中国增长 0.80 百万桶 / 天、印度增长 0.18 百万桶 / 天；中东地区保持持续增长的态势，但增速有所放缓，同比增长 0.10 百万桶 / 天；欧洲、美国需求基本持平。预计全球石油消费量 97.2 百万桶 / 天，同比增长 1.5%。若欧美衰退严重拖累全球经济、中国经济发展受到疫情影响，不排除全球液体燃料需求出现增长停滞甚至负增长的可能性。鉴于在次贷危机中，2008 年、2009 年全球液体燃料消费同比分别下降 0.7%、1.2%，直到 2010 年才恢复增长；若发生类似经济危机，2023 年将进入衰退，全球液体燃料需求可能同比下降 0.7%，降全 98.9 百万桶 / 天。

2. 石油市场供应略偏紧

2023 年，全球液体燃料供应略偏紧，预计全年供应约 101 百万桶 / 天，同比增长 1%；

全球石油产量约为94.7百万桶/天，同比增长1%。美国成为全球石油产量增长的主要动力，预计石油产量将达到18.6百万桶/天，同比增长5.6%，比2019年高1.4百万桶/天；其中页岩油产量9.0百万桶/天，同比增长9.8%，比2019年高0.9百万桶/天。"OPEC+"从2022年11月启动大幅减产，在8月产量目标的基础上进一步减产2百万桶/天，维持减产协议至2023年年底并将随需求调整产量计划。受西方国家制裁影响，俄罗斯石油产量可能进一步下降，比危机前减少约1.9百万桶/天，降至9.5百万桶/天。伊朗、委内瑞拉石油供应存在较大不确定性，短期内难以解除制裁；若制裁取消，伊朗可能增加1.3百万桶/天的供应，委内瑞拉可能增加0.5 ~ 1百万桶/天的供应。一些经济较为脆弱的产油国，面对经济衰退与社会危机，可能出现减产。

3. 国际油价维持高位但有所下降

2023年，基于经济、疫情、地缘政治等的现状以及预期，全球液体燃料需求增长缓慢；供应侧主要增量来自美国，"OPEC+"根据市场需求调节产量目标，俄罗斯产量进一步下降，伊朗、委内瑞拉短期内难以解除制裁，全球液体燃料供应偏紧；全球石油库存仍将处于历史低位，为保障能源安全，部分国家或择机补库；美联储上半年大概率继续收紧货币政策，美国经济下半年进一步衰退；全球地缘政治风险愈发突出，对国际油价扰动较大。需求下行风险较为突出，供应主要由"OPEC+"调控，市场供需大概率维持紧平衡。2023年，预计国际油价维持高位但有所回调，Brent均价在82 ~ 88美元/桶，基准值约85美元/桶（图3-4）。

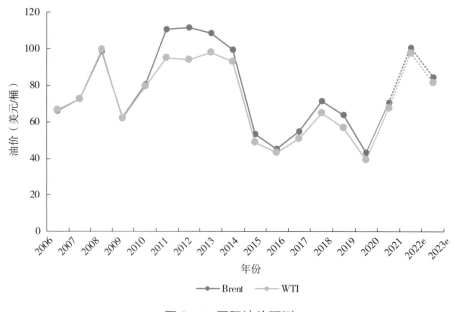

图3-4　国际油价预测
数据来源：CNOOC EEI

三、全球成品油市场回顾及展望

1. 全球炼厂开工率维持高位

2022 年，预计全球一次炼油能力达到 100.6 百万桶 / 天，同比增长 0.99%（图 3-5）；全球炼厂加工量将达到 79.7 百万桶 / 天，开工率约 79%。西方国家放松对新冠肺炎疫情的封控要求，成品油需求上涨，乌克兰危机降低欧洲供应量而导致区域性供应不足，预计 2022 年全球主要成品油供应量 60.0 百万桶 / 天，同比增长 3.8%；汽油、柴油和煤油的供应量分别为 24.4 百万桶 / 天、29.0 百万桶 / 天和 6.6 百万桶 / 天（表 3-1）。

2023 年，预计全球炼油产能 102.3 百万桶 / 天，同比增长 1.71%（图 3-5）。新增炼油能力主要来自亚太及中东地区，北美及欧洲产能下降。开工率与上一年基本持平，炼厂原油加工量预计达到 81.8 百万桶 / 天。2023 年，预计全球主要成品油供应总量 61.7 百万桶 / 天，同比增长 2.8%；汽油、柴油和煤油的供应量分别为 25.0 百万桶 / 天、29.3 百万桶 / 天和 7.4百万桶 / 天（表 3-1）。

表 3-1　全球主要成品油供应量

年份	项目	汽油	柴油	煤油
2022e	供应量（百万桶 / 天）	24.4	29.0	6.6
	同比增长（%）	1.7	3.2	15.8
2023e	供应量（百万桶 / 天）	25.0	29.3	7.4
	同比增长（%）	2.5	1.0	12.1

数据来源：IHS Markit、CNOOC EEI。

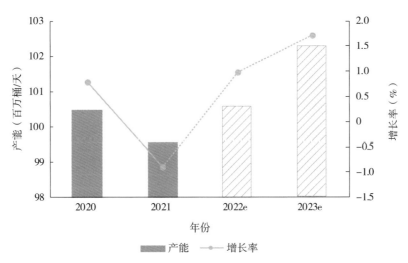

图 3-5　全球炼油产能及年增长率
数据来源：IHS Markit、CNOOC EEI

2. 全球成品油需求维持增长

2022 年，全球成品油消费需求逐步复苏，炎热的夏季和飙升的天然气价格导致用于发电的柴油量增加，预计全年成品油需求量 60.1 百万桶 / 天，同比增长 3.3%（表 3-2）。

表 3-2　全球主要成品油需求量

年份	项目	汽油	柴油	煤油
2022e	需求量（百万桶 / 天）	25.8	28.1	6.2
	同比增长（%）	1.2	2.2	19.2
2023e	需求量（百万桶 / 天）	26.3	28.2	7.1
	同比增长（%）	1.9	0.4	14.5

数据来源：IHS Markit、CNOOC EEI。

2023 年，西方国家继续放松疫情管控，出行需求将进一步提升，但考虑全球经济下行压力，预计全球成品油需求量 61.6 百万桶 / 天，同比增长 2.5%（表 3-2）；亚太地区的成品油消费量将显著提升。

第二节　中国石油市场回顾与展望

一、2022 年中国石油市场回顾

1. 中国原油产量持续增长

2022 年，中国继续加大油气勘探开发力度，超深水、非常规油气勘探开发理论及技术有所突破，老油田产量衰减速度放缓，新油田投产加快，原油产量保持增长，预计达到 2.05 亿吨左右，6 年来我国原油产量再上 2 亿吨以上（图 3-6）。我国生产的原油性质结构继续向中质、重质化变化，轻质低硫原油的产量份额下降 1 个百分点至 37%。我国第一大油田仍是长庆油田，年产量有望超过 6500 万吨油气当量；大庆油田年产量约 4000 万吨油气当量，继续位居第二；渤海油田、塔里木油田、西南油气田年产量均超过 3000 万吨油气当量；胜利油田年产量超过 2000 万吨油气当量；其余的新疆油田、延长油田、辽河油田等 6 个油田，年产量在 1000 万吨油气当量以上。

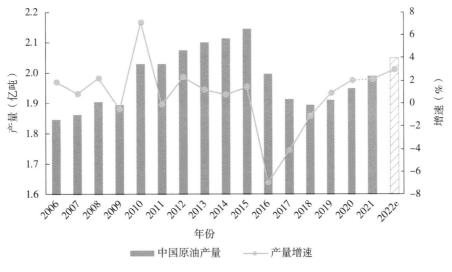

图 3-6　中国原油产量
数据来源：CNOOC EEI

2. 中国原油消费略有下降

2022 年，受疫情多点散发、经济增速放缓、电动汽车快速渗透的影响，预计全年石油消费略有下降，我国全年原油表观消费量 7.06 亿吨左右，同比下降 1.2%。我国原油需求主要集中在交通运输、非燃烧用油（石化产品）、工业以及建筑四个行业。交通运输原油消费占比受疫情影响略有下降但仍占比最大，达到 49.1%；非燃烧用油（石化产品）、工业以及建筑的原油消费占比分别为 18.5%、22.6%、7.2%（图 3-7）。

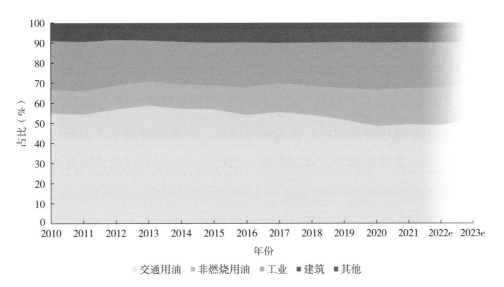

图 3-7　中国原油消费
数据来源：CNOOC EEI

3. 中国原油对外依存度小幅下降

2022 年，预计原油进口量 5.01 亿吨，对外依存度将降至 70.9%。受乌克兰危机影响，预计全年进口原油中俄罗斯占比将达到 18% 左右，俄罗斯有望超过沙特阿拉伯，成为我国第一大进口原油来源国（图 3-8）。

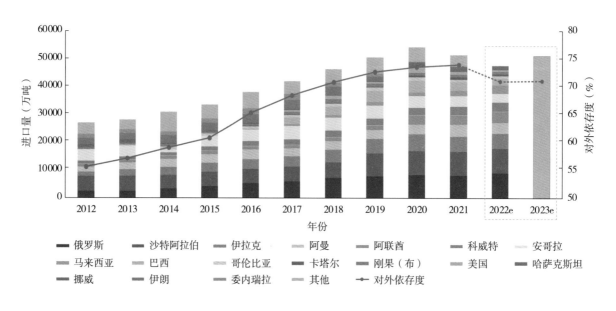

图 3-8 中国原油进口
数据来源：CNOOC EEI

二、2023 年中国石油市场展望

1. 原油产量持续增长

2023 年，中国将继续稳产原油 2 亿吨以上，达 2.09 亿吨，同比增长 2.0%。石油公司克服松辽盆地、华北盆地等老油田产量递减的困难，将继续增储上产；加快新油田开发，努力提高原油产量。常规油藏将以效益勘探、稳产为主；页岩油或将实现战略突破，规模化上产。

2. 原油需求稳步上升

2023 年，中国经济企稳向上，预计原油需求平稳增长。2023 年，预计我国原油需求量 7.20 亿吨左右（图 3-9）。

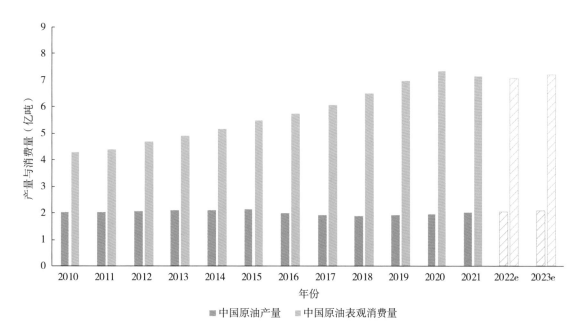

图 3-9 2010—2023 年中国原油产量及表观消费量
数据来源：CNOOC EEI

3. 中国原油对外依存度基本持平

2023 年，预计中国原油进口量略有增加，达到 5.11 亿吨左右；对外依存度与上一年基本持平，仅提高 0.1 个百分点至 71.0%。俄罗斯受欧美制裁尤其是"限价令"的影响，原油出口继续转向亚太地区，俄罗斯或仍将是我国第一大进口原油来源国。

三、2022 年中国成品油市场回顾

1. 国内炼厂开工率小幅下降

2022 年，由于盛虹炼化 1600 万吨 / 年、广东石化 2000 万吨 / 年的一体化炼化项目相继投产，我国炼油产能持续提升，达到 9.4 亿吨 / 年；预计全年国内原油加工量 7.03 亿吨，同比下降 1.1%（表 3-3）；炼厂开工率 74.8%，同比下降 3.9 个百分点。

表 3-3 2021—2022 年中国原油加工量及增长率

年份	原油加工量（亿吨）	同比（%）
2021	7.11	5.5
2022e	7.03	-1.1

数据来源：国家统计局、CNOOC EEI。

2022 年上半年，特别是第二季度，疫情影响导致社会整体出行减少，工业和基建等发展也受到明显限制，国内成品油需求快速下降；下半年主营炼厂开工率逐步回升，盛虹炼化、广东石化等新建大型装置正常投用，成品油供应量快速增长。2022 年，预计中国成品油产量达到 3.95 亿吨，同比降低 6.2%；其中，汽油、柴油降幅较小，煤油降幅较大（表 3-4）。

表 3-4　2021—2022 年中国成品油产量

年份	汽油		柴油		煤油		合计	
	产量（亿吨）	同比（%）	产量（亿吨）	同比（%）	产量（亿吨）	同比（%）	产量（亿吨）	同比（%）
2021	1.82	6.4	2.05	−4.2	0.34	3.6	4.21	0.7
2022e	1.71	−6.0	1.99	−2.9	0.25	−26.5	3.95	−6.2

数据来源：国家统计局、CNOOC EEI。

2. 中国成品油需求整体减弱

2022 年，受到疫情反复、经济增速放缓等因素的影响，下游终端消费欠佳，预计全年国内成品表观油消费量约为 3.54 亿吨，同比下降 8.1%。汽油消费量 1.49 亿吨，同比下降 9.7%；柴油消费量 1.82 亿吨，同比下降 5.7%；煤油消费量 0.23 亿吨，同比下降 14.8%（表 3-5）。受出行大幅减少、电动汽车渗透率提高等因素影响，国内汽油消费下降明显，消费柴汽比略有上浮，预计 2022 年消费柴汽比为 1.22（图 3-10）。

表 3-5　2021—2022 年中国成品油表观消费量

年份	汽油	柴油	煤油	成品油合计	
	消费量（亿吨）	消费量（亿吨）	消费量（亿吨）	消费量（亿吨）	同比（%）
2021	1.65	1.93	0.27	3.85	2.9
2022e	1.49	1.82	0.23	3.54	−8.1

数据来源：国家统计局、CNOOC EEI。

3. 中国成品油出口持续下降

2022 年，商务部下发五批成品油出口配额，合计 3725 万吨，同比减少 1%（图 3-11）；前四批分别为 1300 万吨、450 万吨、500 万吨和 150 万吨，第五批为 1325 万吨。下发第五批成品油出口配额，主要为缓解短期供需矛盾、释放产能、提供区域化套利机会。

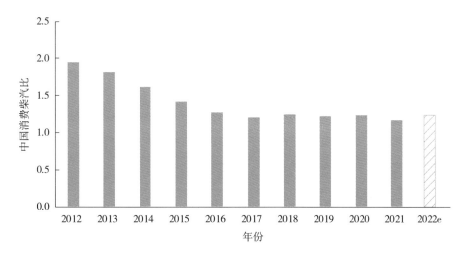

图 3-10　2012—2022 年中国消费柴汽比变化情况
数据来源：国家统计局、CNOOC EEI

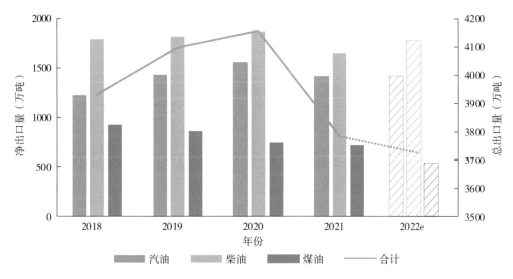

图 3-11　2018—2022 年中国成品油净出口量
数据来源：中国海关总署、CNOOC EEI

四、2023 年中国成品油市场展望

1. 中国炼油能力持续提升

2023 年，裕龙岛炼化一体化项目（一期）2000 万吨 / 年装置将投产，中国总炼油能力将达到 9.6 亿吨 / 年。由于经济回暖、供需结构修复，预计 2023 年中国原油加工量 7.10 亿吨，开工率 74.0% 左右；成品油产量有所增长，同比增长 8.1%。2023 年，预计汽油、柴油、煤油的产量分别为 1.83 亿吨、2.09 亿吨、0.35 亿吨（表 3-6）。

表 3-6　2023 年中国成品油产量预测

种类	产量（亿吨）
汽油	1.83
柴油	2.09
煤油	0.35
合计	4.27

数据来源：CNOOC EEI。

2. 成品油消费量继续增长

2023 年，随着疫情得到有效控制、中国经济持续复苏、出行频率持续回升叠加乘用车行业回暖，汽油消费将有所增长，预计汽油表观消费量达到 1.69 亿吨、柴油表观消费量达到 2.01 亿吨。随着国内国际航班的恢复，煤油消费也有望大幅上涨，预计煤油需求量达到 0.31 亿吨（表 3-7）。

表 3-7　2023 年中国主要成品油表观消费量预测

种类	表观消费量（亿吨）
汽油	1.69
柴油	2.01
煤油	0.31
合计	4.01

数据来源：CNOOC EEI。

（本章撰写人：刘　畅　张　勃　审定人：苏佳纯　田广武）

第四章　天然气市场

第一节　国际天然气产业回顾与展望

一、2022 年全球天然气市场回顾

1. 全球天然气产量下降

2022 年，预计全球天然气产量 4.02 万亿立方米，同比下降 0.4%。分国家看，受乌克兰危机影响，俄罗斯天然气产量大幅下降至 6077 亿立方米，减少近 1000 亿立方米；欧美天然气价差走阔，刺激美国天然气产量增长 330 亿立方米，达到 9672 亿立方米。分地区看，因俄罗斯产量下降，独联体地区产量 7990 亿立方米，同比下降 10.8%；受美国产量增长带动，北美地区产量为 1.17 万亿立方米，同比小幅增长 2.6%；亚太、欧洲、中东、拉美以及非洲产量分别为 6880 亿立方米、2144 亿立方米、7329 亿立方米、1563 亿立方米、2625 亿立方米（图 4-1）。

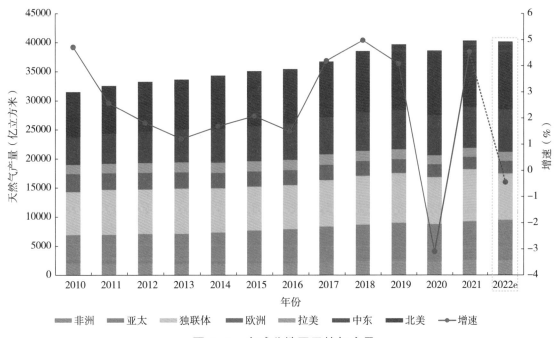

图 4-1　全球分地区天然气产量
数据来源：bp、IEA、CNOOC EEI

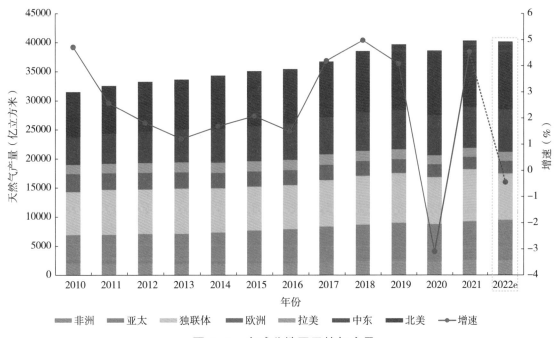

2022 年，全球天然气液化产能新增 1767 万吨，达到 4.65 亿吨（图 4-2）。美国新增产能 1177 万吨，占全球新增产能的 66.6%；莫桑比克新增产能 340 万吨，占全球新增产能的 19.2%；俄罗斯新增产能 150 万吨，占全球新增产能的 8.5%；其他国家新增产能 100 万吨，占全球新增产能的 5.7%。

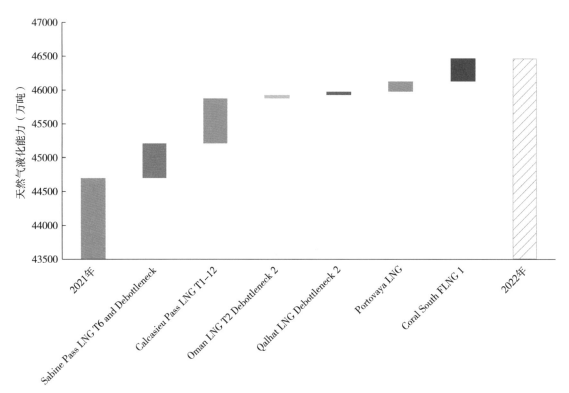

图 4-2　2022 年全球天然气液化能力
注：根据项目官方公开资料以及目前进度推测
数据来源：IHS Markit、CNOOC EEI

2. 全球天然气消费略有下降

2022 年，受高气价和乌克兰危机的影响，全球天然气消费量为 4.02 万亿立方米，同比下降 0.5%。分地区看，北美天然气消费量居全球首位，达到 1.06 万亿立方米，占全球天然气消费量的 26.4%；亚太地区消费量 9302 亿立方米，增长 120 亿立方米，但同比增速明显下降；受供应不足、价格高位运行的影响，欧洲天然气消费量 5160 亿立方米，减少 550 亿立方米；因俄罗斯天然气消费量下降，独联体地区消费量 5958 亿立方米，减少 150 亿立方米；拉美、非洲以及中东地区消费量分别为 1573 亿立方米、1673 亿立方米、5934 亿立方米（图 4-3）。

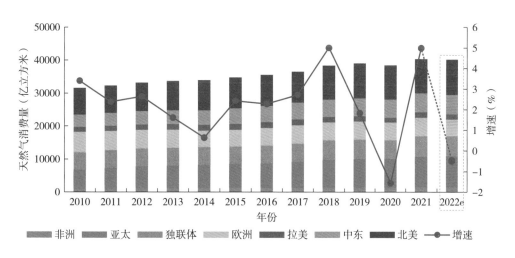

图 4-3 全球分地区天然气消费量
数据来源：bp、IEA、CNOOC EEI

3. 全球 LNG 贸易持续增长

俄欧管道气贸易量受乌克兰危机影响持续下降。2022 年 5 月，乌克兰以不可抗力停止卢甘斯克北部的 Sokhranovka 泵站运行，通过"兄弟管道""联盟管道"的天然气流量降至 6000 万立方米 / 天，约下降了 3000 万立方米 / 天；6 月，因西门子能源公司在加拿大维修的涡轮机延迟归还，俄罗斯将"北溪 -1 号"管道的流量削减至正常输气量的 40%，约 6700 万立方米 / 天；7 月，俄罗斯天然气工业股份公司宣布，按照行业监管机构的指示，停止压气站一台西门子燃气轮机的运行，通过"北溪 -1 号"管道向德国供应的天然气流量降至 3300 万立方米 / 天，即输气量的 20%；9 月 3 日，俄罗斯天然气工业股份公司宣布"无限期"关闭向欧洲输气的"北溪 -1 号"天然气管道。9 月 26 日，"北溪 -1 号"和"北溪 -2 号"管道发生泄漏，短期内难以恢复管道气运输。

2022 年，全球 LNG 贸易量超过 4 亿吨，同比增长 4.2%。欧洲是 LNG 进口增幅最大的地区，LNG 进口量增长 4100 万吨，达到 1.2 亿吨；亚太地区仍然为全球第一大 LNG 进口地，进口 LNG 约 2.63 亿吨，但同比减少 1900 万吨。美国仍然是全球 LNG 出口增量最大的国家，增长 800 万吨。澳大利亚、卡塔尔与美国 LNG 出口量位居全球前列，出口量分别为 8100 万吨、7900 万吨、7800 万吨。

4. 全球天然气价格屡创新高

乌克兰危机以来，欧洲成为全球天然气市场的焦点，其天然气市场供应短缺，气价飙升，带动全球天然气价格屡创新高。俄欧管道气贸易减量明显、市场恐慌情绪蔓延，TTF 价格大幅上涨。欧洲大幅增加 LNG 进口以弥补管道气缺口，导致全球 LNG 市场供应紧张，东北亚

LNG 现货价格随之走高。2022 年, TTF 现货日度价格先后突破 60 美元 / 百万英热、90 美元 / 百万英热, 亚洲 LNG 现货价格一度突破 80 美元 / 百万英热, 均创历史新高。初步估算, 2022 年 TTF 均价为 37 美元 / 百万英热, 同比增长 129%; 东北亚 LNG 现货均价为 35 美元 / 百万英热, 同比增长 136%; 美国 Henry Hub 现货均价为 6.6 美元 / 百万英热, 同比增长 80%（图 4-4）。

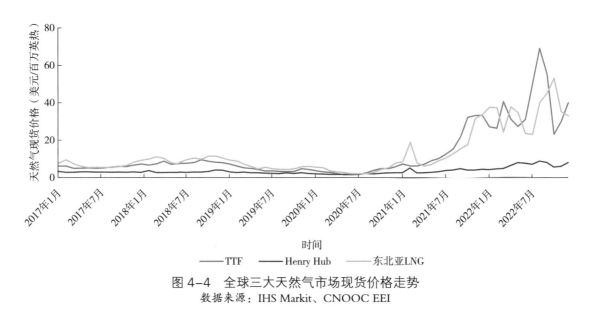

图 4-4　全球三大天然气市场现货价格走势
数据来源：IHS Markit、CNOOC EEI

二、2023 年全球天然气市场展望

1. 全球天然气产量和消费量均低速增长

2023 年, 全球天然气产量、消费量, 均将受乌克兰危机的影响而缓慢增长。预计全球天然气产量 4.06 万亿立方米, 同比增长 0.9%。欧洲天然气领域"去俄化"或将持续, 俄罗斯天然气产量继续下降; 美国天然气产量将受 LNG 出口量大幅增加的带动持续增长, 预计新增 220 亿立方米。2023 年, 全球天然气价格或持续高位, 消费增长将继续受到抑制, 预计全球天然气消费量 4.06 万亿立方米, 同比增长 1.1%。

2. 全球 LNG 新建产能步入低速增长期

2023 年, 全球天然气液化产能小幅增长, LNG 市场供需进一步收紧。根据项目官方公开资料以及项目进度推算, 预计 4 个新项目将投产, 新增产能 1000 万吨 / 年, 增量远低于过去几年。分国家看, 美国新增产能 333 万吨 / 年, 印度尼西亚新增产能 380 万吨 / 年, 毛里塔尼亚 - 塞内加尔新增产能 250 万吨 / 年, 刚果（共和国）新增产能 60 万吨 / 年（图 4-5）。2023 年, 预计全球 LNG 需求将增加 2000 万吨。俄欧管道气贸易不确定性大, 叠加欧洲储气库经过 2022 年冬季消耗后或降至较低水平，欧洲 LNG 采购需求依然旺盛；亚洲 LNG 需求在高气价抑制下小幅增长。2023 年，由于新增 LNG 产能较少，全球 LNG 市场供应紧张局面难以缓解。

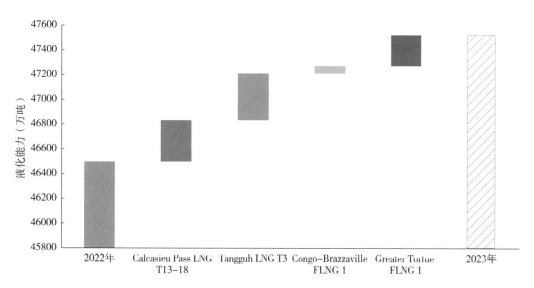

图 4-5　2022 年 LNG 液化项目投产情况
注：根据项目官方公开资料以及目前进度推测
数据来源：IHS Markit、CNOOC EEI

3. 全球天然气价格继续高位运行

2023 年，全球 LNG 市场供应紧张局面，为全球天然气价格提供较强的支撑，但乌克兰危机带来的风险溢价可能逐渐消退。预计东北亚 LNG、TTF 现货年均价将同比下降 8.6%、5.4%，分别为 32 美元 / 百万英热（平均值）、35 美元 / 百万英热；美国 Henry Hub 现货年均价同比下降 15.2%，约为 5.6 美元 / 百万英热（图 4-6）。

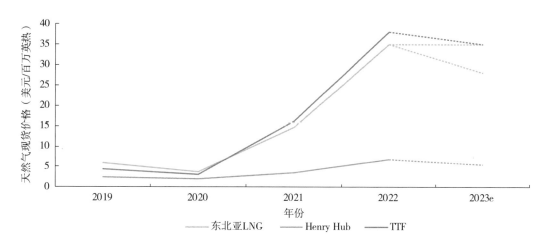

图 4-6　全球三大天然气市场现货价格走势预测
数据来源：IHS Markit、CNOOC EEI

4. 全球天然气市场格局正在演变

乌克兰危机导致的欧洲天然气困局，短时间内难以缓解。俄罗斯对欧美采取反制裁措施，以管道维修、涡轮机未顺利返还为由屡次降低对欧输气量。2022 年 9 月 26 日，北溪管道发生泄漏事件，未来维修可能因制裁面临多重非技术障碍，进一步降低俄欧管道气贸易快速恢复的可能性。

欧洲的天然气困局，改变着全球天然气市场的贸易流向。俄罗斯希望加快推进与中国管道气项目的合作，为其气源寻找出路；在全球 LNG 生产能力提升有限的背景下，欧亚地区对 LNG 现货货源的抢夺更加激烈；美国 LNG 产能持续增长且现货资源较丰富，欧洲与美国的 LNG 贸易关系进一步增强。2023 年，由于欧洲天然气供应紧张，TTF 现货价格或在较长时间内高于东北亚 LNG 现货价格。

第二节　中国天然气产业回顾与展望

一、2022 年中国天然气市场回顾

1. 中国天然气供应增速大幅下降

2022 年，中国持续加大油气勘探开发力度、中俄能源合作持续推进、国际气价高位抑制 LNG 进口，国内产量稳步增长，进口量同比大幅下降，预计天然气总供应量 3787 亿立方米，与上一年基本持平，但远低于上一年 12.8% 的增速（图 4-7）。

中国天然气产量稳步增长。2022 年，中国加快产能建设，通过新技术、新工艺提高天然气生产供应能力，常规天然气产量稳步增长，煤层气、页岩气等非常规气保持较快增长。国内天然气产量 2211 亿立方米，同比增长 6.5%（图 4-8），增量主要来自鄂尔多斯、四川、塔里木等主要产气盆地。

天然气进口同比下行。2022 年，受国际气价持续高位、国内天然气需求疲软等因素影响，LNG 进口大幅减少；同时，随着中俄管道合同量增长，进口管道气占比继续回升，进口管道气与进口 LNG 竞争进一步加剧。2022 年，中国天然气进口量 1576 亿立方米，同比下降 7.3%，对外依存度降至 42.5%（图 4-7）。其中，LNG 进口占比 58.7%，管道气进口占比 41.3%（图 4-9）。

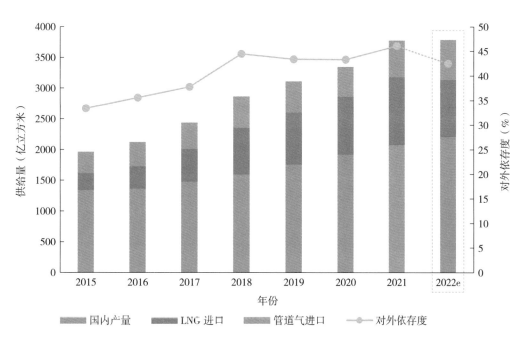

图 4-7 中国天然气供给和对外依存度
数据来源：国家统计局、海关总署、CNOOC EEI

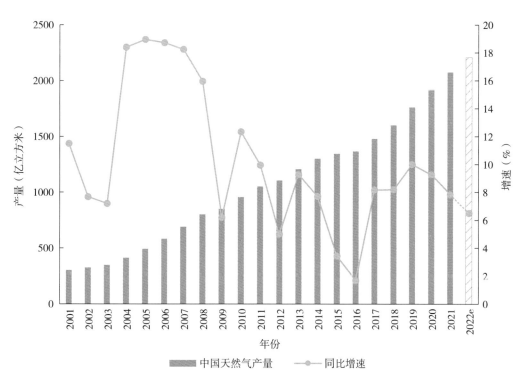

图 4-8 中国天然气产量
数据来源：国家统计局、CNOOC EEI

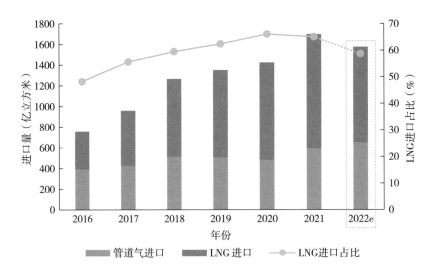

图 4-9　中国天然气进口来源
数据来源：海关总署、CNOOC EEI

管道气进口稳健增长。2022 年，管道气进口增量主要来自俄罗斯，中俄管道气供应量于一季度提高至 4320 万立方米 / 天，全年贡献约 50 亿立方米的增量；中亚管道输气量有所增长，中缅管道输气量受上游气田产量递减、缅甸本国需求增长影响而略有下降；预计全年管道气进口量 651 亿立方米，同比增长 9.6%。

LNG 进口量呈现负增长。2022 年，开始执行上一年签订的 23 笔 LNG 长期协议中大约 850 万吨 / 年合同量，贡献 LNG 长协进口增量的 70%；国际气价高位运行，中国 LNG 长协及现货采购成本大幅上涨，前三季度 LNG 现货进口量较上一年同期下降 76%（表 4-1）。预计全年 LNG 进口量 925 亿立方米（6605 万吨），同比下降 16.3%。

表 4-1　2022 年 1—9 月 LNG 主要进口来源国与接收站

主要进口来源国	进口量（亿立方米）	占 LNG 进口比重（%）
澳大利亚	225	34.9
卡塔尔	161	24.9
马来西亚	82	12.8
俄罗斯	52	8.1
印度尼西亚	38	5.9
主要进口接收站	进口量（亿立方米）	占 LNG 进口比重（%）
中国海油大鹏	79	12.3
中国石油如东	73	11.3
中国石化天津	67	10.4

主要进口接收站	进口量（亿立方米）	占LNG进口比重（%）
中国海油宁波	60	9.3
中国石化青岛	50	7.7
国家管网迭福	46	7.1

数据来源：Kpler、CNOOC EEI。

2. 中国天然气消费小幅下降

2022年，中国经济增速放缓、疫情呈多点散发局部聚集性态势、东北亚LNG现货价格维持高位、煤炭生产保持较高增速等因素，均给中国天然气消费带来下行压力，天然气需求疲软，预计天然气消费量3711亿立方米，同比下降0.4%（图4-10）。分部门看，工业燃料和城市燃气仍是天然气消费两大主要领域，燃气发电同比下降（图4-11）。

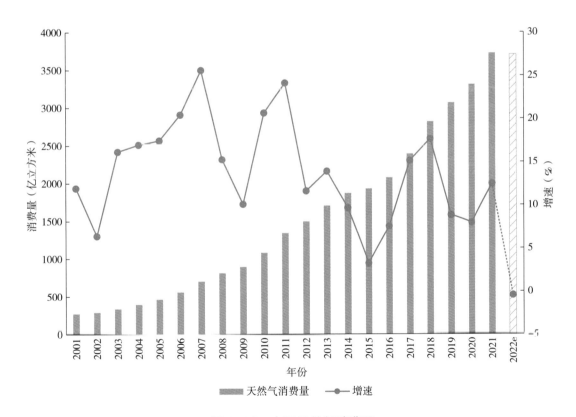

图4-10　中国天然气消费量
数据来源：国家统计局、国家发展和改革委员会、CNOOC EEI

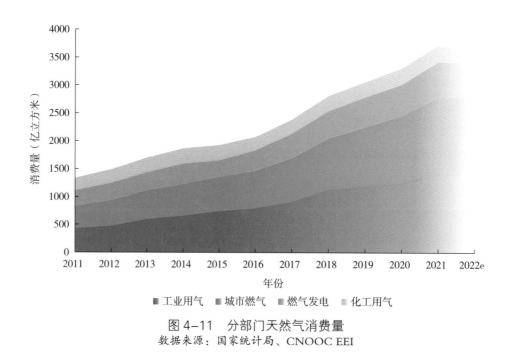

图 4-11 分部门天然气消费量
数据来源：国家统计局、CNOOC EEI

城市燃气用气小幅上涨。一是用气人口稳步增长。山西等省市清洁采暖"煤改气"工程稳步推进，财政部进一步增加北方地区冬季清洁取暖补助，推动城市用气增长。二是 LNG 车辆用气需求减少。受 LNG 价格高涨影响，LNG 车用价格同比上涨近 80%；经济性减弱导致存量LNG 车运行减少、新车销售量同比下降；叠加国内疫情多点散发，交通运输部门对高速货运实施管控政策，高速货车通行量下降。预计全年城市燃气用气量 1399 亿立方米，同比微涨 0.9%。

工业燃料用气略有下降。全球经济增速放缓及新兴经济体份额提升对我国出口形成一定替代效应影响，叠加我国部分地区疫情多点散发，工业企业用户效益承压明显；气价高位运行、煤炭产能释放，企业用气积极性减弱；地产市场低迷，与其相关的钢铁、陶瓷、玻璃等行业用气需求减少。预计全年工业燃料用气量 1405 亿立方米，同比下降 0.3%。

燃气发电用气同比下行。受高气价、疫情反复的影响，电力需求增长疲软；同时受可再生能源发电增长强劲、煤炭产量大幅增长的影响，燃气发电下行，发电用气需求同比下降。中国电力企业联合会数据显示，前三季度，全国全社会用电量 6.49 万亿千瓦时，较上年同期增长 4.0%；其中，全口径并网风电、太阳能发电量较上年同期分别增长 15.6% 和 32.1%，煤电发电量占全口径总发电量的比重接近六成；截至 9 月底，燃气发电设备平均利用小时 1826小时，较上年同期降低 248 小时。预计全年发电用气量 601 亿立方米，同比下降 4.0%。

化工用气保持稳定。受天然气价格持续高位、甲醇及化肥行业利润高涨等因素影响，化工用气需求保持平稳。其中，1—10 月，天然气制甲醇装置平均毛利 367 元 / 吨，同比上涨 13%，产能小幅增长，开工负荷 70.5%，与上年同期基本持平；天然气制尿素开工负荷 67.5%，较上一年同期下降 1 个百分点。预计全年化工用气量 306 亿立方米，与上一年基本持平。

二、2022 年中国天然气价格回顾

2022 年，中国天然气价格改革持续深化，国内 LNG 成交均价大幅上行。

1. 天然气价格改革持续深化

2022 年，随着 "X+1+X" 天然气市场体系加速构建，"管住中间" 与 "放开两头" 协同作用，根据《中共中央国务院关于加快建设全国统一大市场的意见》稳妥推进天然气市场化改革的要求，天然气价格体制改革持续推进，终端服务价格监管及市场化定价机制日趋完善。一方面，国家发展和改革委员会印发《关于完善进口液化天然气接收站气化服务定价机制的指导意见》（以下简称《指导意见》），出台 LNG 接收站气化服务定价新机制，对 LNG 接收站气化服务定价机制提出统一定价方式、统一定价项目、统一定价方法、统一重要参数、明确价格校核周期等规范；统一服务价格体系有利于更好地规范管理市场，同时明确的气化价格定价机制将吸引更多 LNG 贸易商，两者助力形成有良性竞争的天然气市场。根据《指导意见》，福建省、浙江省发展和改革委员会先后确定接收站气化服务价格或管理办法。另一方面，上海、天津、广州、西安等地鉴于国际气价高位震荡走势，启动上下游天然气价格联动机制调整，通过调整终端天然气销售价格、缩短联动周期等举措，进一步发挥价格杠杆作用，理顺天然气市场供需关系，保障用气需求。

2. 全国 LNG 成交价大幅上涨

在 LNG 进口价格持续高位、液厂原料气价格上行、夏季燃气机组高负荷运行推升气化外输需求等因素共同作用下，LNG 价格受成本上涨及供应减少的双因素推升，2022 年 1—10 月，全国 LNG 成交均价 6782 元 / 吨，同比增长 44.3%。预计全年全国 LNG 成交均价为 6600 ～ 6800 元 / 吨，同比增长 32.6% ～ 36.6%。

三、2022 年天然气基础设施建设

2022 年，天然气管道互联互通持续深化，管网系统供应能力进一步提升；LNG 接收站及储气库建设稳步推进，接收能力较快增长，储备调节能力持续提高。

1. 管网互联互通持续深化

2022 年，中国"主干互联、区域成网"的天然气基础网络加快完善，互联互通持续深化，管网系统供应能力进一步提升。一方面，"全国一张网"的天然气输送体系加快建立。西气东输四线吐鲁番 – 中卫段工程正式开工，管道全长 1745 千米，与二线、三线联合运行后，西气东输管道系统年输送能力将达到千亿立方米。国内最长煤层气长输管道——神安管道（山西—河北段）贯通，同时陕西至山西段开工建设，该段工程为神安管道最后一段，全长 72.2 千米，预计于 2023 年第二季度建成投产；神安管道全线贯通后，将推动天然气市场辐射京津冀及周边区域，保障天然气稳定供应。中俄东线南段（河北安平—山东泰安）正式投产，增加环渤海地区天然气供应来源。

同时，区域性天然气管网建设稳步推进。浙江省天然气管网融入国家管网，将有力保障浙江省用能需要。截至 2022 年 10 月底，广东、海南、湖北、湖南、甘肃、福建以及浙江省网已经完成市场化融入。广东省天然气肇庆—云浮支干线、揭阳—梅州支干线（揭阳—梅州段）双段管道建成投产，进一步扩大天然气利用规模。海南省环岛管网洋浦石化功能区天然气管道供气工程投产运行，有助于提升海南环岛管网系统的供气能力。

2. LNG 接收站建设稳步推进

截至 2022 年 10 月底，全国已投产 LNG 接收站 24 座，总接卸规模 9810 万吨 / 年，共有 3 座接收站建成投产或完成扩建，分别为浙江嘉兴（平湖）LNG 应急调峰储运站（100 万吨 / 年）、中国海油江苏滨海 LNG 接收站一期（300 万吨 / 年）、广汇启东 LNG 接收站（新增 200 万吨 / 年至 500 万吨 / 年）。此外，北京燃气集团天津 LNG 接收站（500 万吨 / 年）、新天绿色能源集团曹妃甸 LNG 接收站一期（500 万吨 / 年）预计年底建成投产。截至 2022 年年底，预计全国投产 LNG 接收站 26 座，总接卸规模将达 1.08 亿吨 / 年，同比增长 17.4%。

2022 年，随着北京燃气及新天绿色能源 LNG 接收站投运，中国接收站运营主体日益多元化。除国家管网、中国海油、中国石油和中国石化外，地方国有企业、民营企业已多达 8 家。截至 2022 年 10 月底，国家管网接卸能力 2760 万吨 / 年（占比 28%），位居首位；其次是中国海油 2560 万吨 / 年（占比 26%），中国石油 1710 万吨 / 年（占比 18%），中国石化 1200 万吨 / 年（占比 12%）；地方国有企业、民营企业（申能、新奥、广汇、九丰、深燃等）接收能力逐渐增加，规模达 1580 万吨 / 年（占比 16%）。截至 2022 年年底，预计国家管网、中国海油、中国石油、中国石化及地方国有企业、民营企业的接收能力占比分别为 25%、24%、16%、11%、24%（图 4-12）。

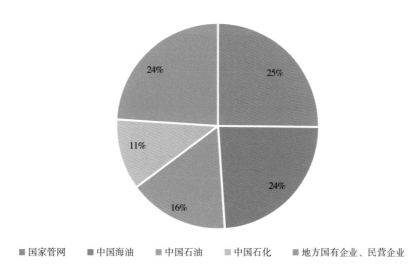

图 4-12　各公司 LNG 接收站规模
数据来源：国家管网、SIA、IHS Markit

3. 储气调峰能力持续提升

2022 年，中国多个储气库建成投产，规划储气库工程建设加快推进，国内储备调节能力持续提升。其中，白驹河、白 15、苏东 39-61 储气库先后建成投产，为京津冀、内蒙古等地区今冬明春的天然气安全平稳供应提供有力保障；中国石化在西南地区首个储气库清溪储气库的投产，为川渝地区用气稳定打下坚实基础；新疆第二座储气库温吉桑储气库温西一库投运，为西气东输沿线城市天然气供应提供调峰服务；中东部地区最大的地下储气库文 23 储气库二期工程建设正式开工，该项目建成后，文 23 储气库整体储气能力可提升 20%。2022 年，预计中国共建成 19 座地下储气库群（含 42 座地下储气库），储气库工作气量 192 亿立方米，较上一年增长 20 亿立方米，可满足 5.1% 的国内天然气消费需求。

四、2023 年中国天然气市场展望

2023 年，中国经济稳定向好，向能源绿色低碳转型趋势未变。国内天然气生产稳步增长，进口天然气增速转正，天然气需求呈现恢复态势。

1. 天然气供应能力进一步增强

2023 年，中国将持续加大油气勘探开发力度，推动老油气田稳产，加大新区产能建设力度，保障持续稳产增产；中俄管道供应量持续增长，LNG 进口增速转正。预计中国全年天然

气供应 4000 亿立方米左右，同比增长 5.6%。

中国天然气产量稳步增长。2023 年，中国天然气产量仍将保持较快增长。一方面，我国天然气储量丰富，增储上产潜力较大；另一方面，持续加大勘探开发力度，维持较高企业投资水平，为推动增储上产提供资金保障。预计国内全年天然气产量 2315 亿立方米，同比增长 4.7%。

天然气进口增速由负转正。2023 年，进口管道气保持增长态势，进口 LNG 或较上一年有所上涨，预计中国全年天然气进口总量 1685 亿立方米，同比增长 6.9%，对外依存度 43.1%。进口管道气方面，俄罗斯仍是管道气进口增量主要来源国，中俄管道合同增量将达到 70 亿立方米 / 年；哈萨克斯坦因预计本国在 2024 年出现天然气短缺，将在 2023 年减少出口气量，中亚管道供应量或有所下降；中缅管道预计仍受上游气田产量递减和缅甸本国需求增长影响，供应量难有增长；2023 年，预计管道气进口量 705 亿立方米，同比增长 8.3%。进口 LNG 方面，近两年签署 LNG 中长期购销合同中 160 亿立方米 / 年的合同量自 2023 年起供，推升 LNG 进口量；国际天然气价格或仍处于高位，LNG 现货进口存在较大不确定性；预计全年 LNG 进口量 980 亿立方米，同比增长 6.0%。

2. 天然气需求将有所增长

2023 年，我国经济将企稳回升，为天然气消费提供上行动能，天然气市场将有所复苏，预计天然气消费量 3920 亿立方米，同比增长 5.6%。城市燃气用量 1475 亿立方米，同比增长 5.4%；工业燃料用气量 1490 亿立方米，同比增长 6.1%；发电用气量 640 亿立方米，同比增长 6.5%；化工用气量 315 亿立方米，同比增长 2.9%。从结构上看，城市燃气占比 37.6%，工业燃料用气占比 38.0%，发电用气占比 16.4%，化工用气占比 8.0%。

城市燃气用气稳健增长。城镇化进程相关政策持续推进，《"十四五"全国城市基础设施建设规划》计划到 2025 年城镇管道燃气普及率由 2020 年的 75.7% 涨至 85%，拉动居民及商业用气需求。同时，《"十四五"节能减排综合工作方案》《2030 年前碳达峰行动方案》《珠海市能源发展"十四五"规划》等国家省市政策明确支持车船使用液化天然气作为燃料，加快推进天然气在交通领域的高效利用及加注站等基础设施建设，交通用气需求将有所增长。

工业燃料用气增速回升。随着中国稳经济一揽子政策和接续政策效能持续释放，市场预期和信心或有所恢复，工业企业经济效益增长，推升工业用气存量需求。《工业领域碳达峰实施方案》《"十四五"工业绿色发展规划》等相关政策明确推动工业绿色低碳转型，我国将持续优化工业用能结构，工业"煤改气"进程将持续推动工业用气需求增长，但高气价仍将带来一定不确定性。

燃气发电用气增速反弹。2023 年，在清洁能源利用等相关政策支持下，燃气发电产能将稳健增长，预计燃气装机增速 7.6%，发电量同比增长 10.1%，较上一年上涨 16 个百分点。天然气管道互联互通水平持续提升，LNG 接收站稳步建设，部分地区天然气供应将更加多元化，为燃气发电提供更加稳定的资源基础；叠加上一年燃气发电用气需求低基数影响，发电用气量增速将有所反弹。

化工用气小幅增长。2023 年，气制甲醇新项目将投产，预计新增产能 110 万吨 / 年。为确保实现粮食稳产增产目标，化肥需求将保持增长；欧洲能源市场仍然紧张，欧洲化肥生产受限或维持紧缺态势，我国化肥出口将保持一定增长态势。预计化工用气需求将有所增长。

（本章撰写人：李　伟　孔盈皓　审定人：王　恺）

第五章 可再生能源

第一节 全球可再生能源回顾与展望

本章研究的可再生能源是指风能、太阳能、水电（不含抽水蓄能）、生物燃料。海洋能等其他可再生能源在第十章重点研究。

一、2022 年全球可再生能源回顾

全球可再生能源发电装机规模再创历史新高。尽管面对更加复杂的外部环境，但大力发展可再生能源仍然是全球实现低碳转型的主导方向。2022 年，预计全球可再生能源发电装机容量达到 3354 吉瓦，占全部电力装机容量的 40%（图 5-1）。可再生能源发展速度并未受到全球疫情和地缘政治冲突等因素的影响，全球可再生能源发电新增装机容量 324 吉瓦，同比增长 10.7%，再创历史新高。全球可再生能源发电量 8700 太瓦时，同比增长 8.1%，占总发电量的 30.3%（图 5-2）。

太阳能、风能为可再生能源增长主体。2022 年，预计常规水电装机容量达到 1220 吉瓦，新增装机 20 吉瓦，同比增长 1.7%，仍然是可再生能源发电装机规模最大的能源品种；风力发电总装机容量预计 991 吉瓦，新增装机 130 吉瓦，同比增长 14.9%；太阳能发电总装机容量达到 972[①] 吉瓦，新增装机 175 吉瓦，同比增长 21.9%；生物质发电装机容量增长 6.5 吉瓦，同比增长 4.5%，累计装机容量达到 150 吉瓦；地热和光热（CSP）发电装机容量合计增加 1.4 吉瓦。以风、光为主的具有波动特性且非可控的可再生能源发电装机规模占全球装机总量的 23%，分布式可再生能源仅占全球可再生能源发电装机总量的约 7.5%。在全球可再生能源发电装机增量中，太阳能发电和风力发电合计占比接近九成。2022 年，全球水电（不含抽蓄）、

[①] 本章全球光伏装机数据统一采用交流侧容量，中国光伏装机数据统一采用直流侧容量，以便与行业习惯的统计口径一致。

陆上风电、海上风电和光伏发电的平均容量因子分别为 41%、26%、32% 和 15%。近十年来，各类技术容量因子基本保持稳定，海上风电略有增加。

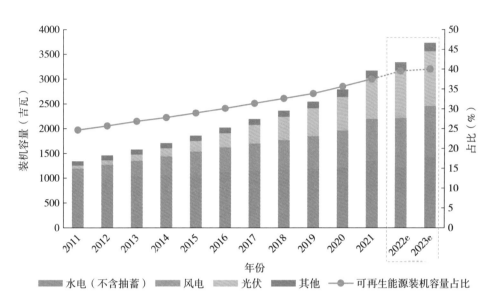

图 5-1　全球可再生能源发电装机容量及占比
数据来源：水规总院、Rystad Energy、CNOOC EEI

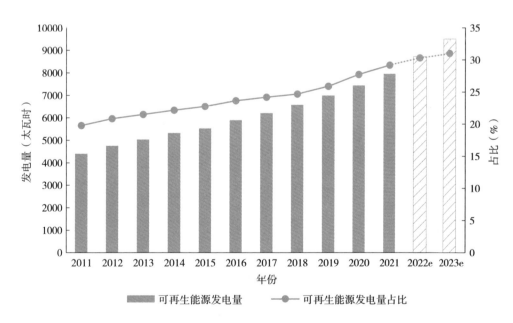

图 5-2　全球可再生能源发电量及占比
数据来源：Rystad Energy、CNOOC EEI

全球生物燃料产量超过疫情前水平。2022 年，全球生物燃料产量预计达到 1.36 亿吨，同比增加 10%，约占全球成品液体燃料消费量的 3%。其中，生物乙醇产量 8676 万吨，生物柴油产量 4861 万吨，分别同比增加 7% 和 15%；因欧盟部分成员国给予政策支持，生物航煤（SAF）产量进一步增长至 37 万吨，未来产能将持续扩大（图 5-3）。

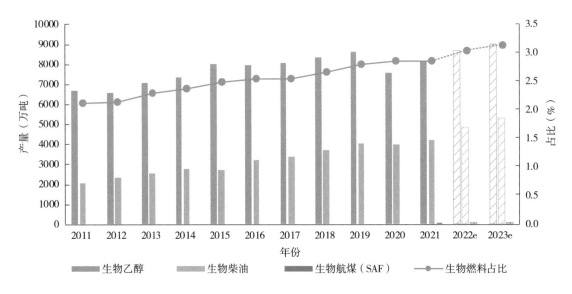

图 5-3　全球生物燃料产量及占比
数据来源：IHS Markit、CNOOC EEI

中国成为推动全球可再生能源发展的主要力量。2022 年，从全球可再生能源发电装机规模看，预计中国以 1180 吉瓦位列第一，美国以 364 吉瓦位列第二，印度以 173 吉瓦位列第三，前十名的其他国家分别是巴西、德国、日本、加拿大、西班牙、英国和土耳其；其中，印度首次超越巴西。从全球可再生能源发电量看，中国、美国、巴西仍然位列前三位，其次分别为加拿大、印度、德国、日本、俄罗斯、挪威、英国。中国可再生能源发电累计装机规模占全球可再生能源发电装机容量的 35%，其中风电、光伏发电的新增装机容量占全球新增装机容量的一半以上。

二、2023 年全球可再生能源展望

乌克兰危机引发的欧洲能源供应危机，引起大部分国家对全球能源安全和国家能源独立等问题的关注，更加坚定各国能源转型的长期目标。欧洲出台 "REPowerEU" 能源计划，英国政府发布《能源安全战略》，美国政府在一年内签署了三项促进能源转型和新能源投资的相关法令。

2023 年，预计全球可再生能源发电装机容量将达到 3704 吉瓦，同比增长 10.4%（图 5-1）；发电总量达到 9500 太瓦时，同比增长 8.7%（图 5-2）。其中，水电（不含抽蓄）、风电、光伏发电装机容量分别达到 1232 吉瓦、1121 吉瓦、1167 吉瓦。

第二节　中国可再生能源回顾与展望

一、2022 年中国可再生能源回顾

中国可再生能源持续发展。2022 年，中国可再生能源进入大规模、高比例、市场化、高质量发展的新阶段。国家能源局《关于促进新时代新能源高质量发展的实施方案》，提出提升新能源消纳能力、保障用地用海需求和电网接入、健全公共服务体系等一系列要求。多个省发布"十四五"能源规划以及专项实施方案，确定"十四五"期间新能源发展方向、目标和路径。2022 年，预计中国可再生能源发电装机容量（不含抽蓄）达到 1180 吉瓦，占全国全部电力装机容量的 46%（图 5-4）；新增装机容量 142.3 吉瓦，同比增长 14%。中国可再生能源发电量 2639 太瓦时，占全国全部发电量的 30%（图 5-5）；受水电的影响，仅同比增长 6%。可再生能源领域科技创新及应用取得新进展，电力系统对高比例可再生能源的适应性明显增强。

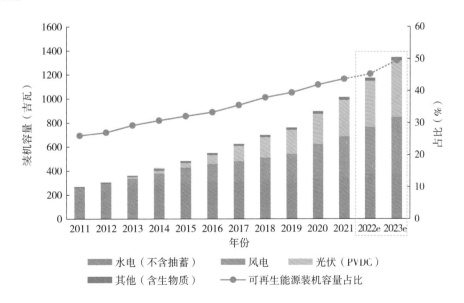

图 5-4　中国可再生能源发电装机容量及占比

数据来源：国家能源局、水规总院、Rystad Energy、CNOOC EEI

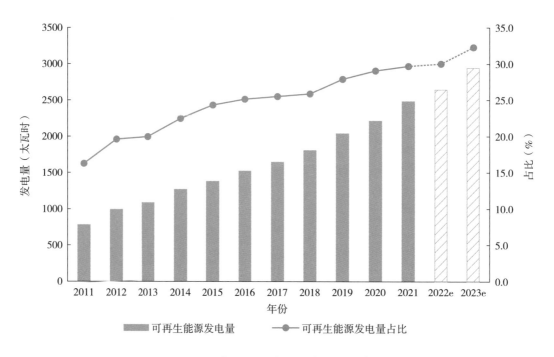

图 5-5　中国可再生能源发电量及占比
数据来源：Rystad Energy、CNOOC EEI

　　光伏装机首次超过风电和水电。2022 年，中国常规水电累计装机规模预计达到 365 吉瓦，水电开发程度超过 60%，因主要流域来水偏枯，全年平均利用小时数有所下降。风力发电新增并网 56 吉瓦，累计装机容量超过 385 吉瓦，平均年利用小时数近 1700 小时，比上一年略有减少。海上风电新增装机容量 6.1 吉瓦，总装机容量达到 32.5 吉瓦。太阳能发电总装机容量达到 389 吉瓦，光伏装机容量首次超过风电，年利用小时数提高到 1160 小时。分布式光伏装机容量有望达到 150 吉瓦，新增装机容量再次超过集中式光伏。三北（东北、华北、西北）地区，仍然为集中式风电、光伏发电的开发重点；东部沿海地区，由于用地和环保要求等影响，陆上风电和水面光伏开发速度减缓。

　　生物质能源发展初具规模但增速较慢。2022 年，预计中国生物质能发电新增装机容量 2.12 吉瓦，总装机规模达到 25.53 吉瓦。生物天然气产量达到 1.9 亿立方米，生物质供暖成型燃料产量达到 2300 万吨；液体生物燃料产量约 338 万吨，其中燃料乙醇 302 万吨，生物柴油 34 万吨（图 5-6）。

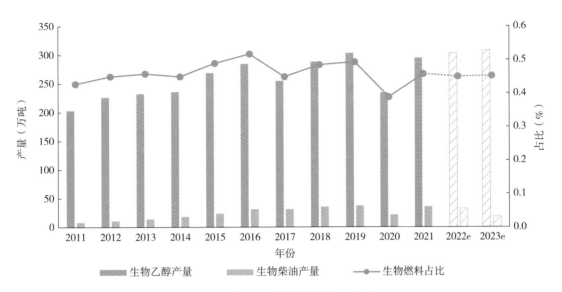

图 5-6　中国生物燃料产量及占比
数据来源：IHS Markit、CNOOC EEI

二、2023 年中国可再生能源展望

中国《"十四五"可再生能源发展规划》发布，锚定碳达峰、碳中和目标，提出大规模、高比例、市场化、高质量发展的要求，设置总量、发电、消纳、非电利用 4 个方面的主要目标，加大可再生能源关键技术攻关力度，推动海上风电基地建设。随着电力市场改革持续推进，通过市场手段消纳可再生能源的机制将进一步深化，储能参与市场的作用进一步增强。

2023 年，中国可再生能源将持续加快发展，预计中国可再生能源发电装机容量将达到 1337 吉瓦，同比增长 13%（图 5-4）；发电总量达到 2944 太瓦时，同比增长 11.5%，占全国总发电量的 32%（图 5-5）。其中，水电、风电和光伏发电的装机容量分别达到 367 吉瓦、467 吉瓦和 473 吉瓦。

（本章撰写人：张亦弛　李　楠　审定人：马　杰）

第六章　碳中和经济

第一节　低碳发展政策

一、国外低碳发展政策概况

全球应对气候变化形成广泛共识。截至 2022 年 10 月 31 日，全球已有 136 个国家提出碳中和承诺。其中，18 个国家或地区通过立法方式确立碳中和时间点，38 个国家将实现碳中和的时间目标写入政策文件。全球参与应对气候变化国家数量同比大幅增加（图 6-1）。全球提出碳中和目标的区域，涵盖全球碳排放的 88%、GDP 的 90%、人口的 85%（图 6-2）。

低碳技术和政策支持力度持续加大。美国对太阳能板、风电机组、新能源汽车等的生产或消费，提供高额税费减免；碳捕获和封存的税收抵免额度，在原有基础上大幅提高。欧盟计划通过欧洲复苏基金、欧盟碳市场，提供大规模资金支持，推动实现 2025 年光伏装机容量较 2020 年增加 1 倍以上、2030 年可再生氢产量达到 1000 万吨等低碳发展目标。加拿大出台低碳相关计划，为清洁能源替代、新能源汽车推广、碳捕获与封存的税收抵免等提供新增资金支持。

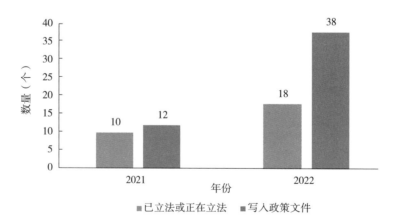

图 6-1　各国低碳目标推出情况

数据来源：Net Zero Tracker

60

图 6-2　净零目标涵盖的全球各项指标比例

数据来源：Net Zero Tracker

　　新能源相关产业竞争态势加剧。欧美先后提出碳关税法案，欲针对电力、钢铁、水泥等高碳产品征收高额关税；美国组建印太联盟和"气候俱乐部"，通过税收政策加强新能源装备制造业本土化；美、欧、日持续推出关键矿产保护政策，强调关键金属供应的本土化，加剧能源关键原材料抢夺。政策汇总详见表 6-1。

表 6-1　各国近期发布低碳相关政策文件

发布日期	政策名称	国家/地区
2022 年 6 月 7 日	清洁竞争法	美国
2022 年 8 月 7 日	削减通胀法案	美国
2022 年 9 月 7 日	美国工业脱碳路线图	美国
2022 年 9 月 22 日	国家清洁氢战略与路线图	美国
2022 年 5 月 18 日	"REPowerEU"能源计划	欧盟
2022 年 6 月 22 日	碳边境调节机制修正案	欧盟
2022 年 9 月 14 日	关键原材料法案	欧盟
2022 年 3 月 29 日	2030 年减排计划——加拿大清洁空气和强劲经济的下一步行动	加拿大
2022 年 9 月 8 日	气候变化法案	澳大利亚
2022 年 8 月 31 日	蓄电池产业战略	日本

二、中国低碳政策发展概要

　　中国温室气体减排积极稳妥推进，低碳政策体系逐步完善。为指导和统筹好"二氧化碳排放力争于 2030 年前达到峰值，努力争取 2060 年前实现碳中和"的目标，国家层面成立碳达峰碳中和工作领导小组，积极构建碳达峰碳中和"1+N"政策体系，基本形成分领域、分行业的实施方案以及配套市场机制（表 6-2）。

表 6-2　中国碳达峰碳中和"1+N"政策文件

发布日期	文件名称
2021 年 10 月 24 日	中共中央 国务院关于完整准确全面贯彻新发展理念做好碳达峰碳中和工作的意见
2021 年 10 月 26 日	2030 年前碳达峰行动方案
2022 年 1 月 21 日	促进绿色消费实施方案
2022 年 2 月 11 日	关于完善能源绿色低碳转型体制机制和政策措施的意见
2022 年 3 月 23 日	氢能产业发展中长期规划（2021—2035 年）
2022 年 4 月 24 日	加强碳达峰碳中和高等教育人才培养体系建设工作方案
2022 年 5 月 31 日	财政支持做好碳达峰碳中和工作的意见
2022 年 6 月 17 日	减污降碳协同增效实施方案
2022 年 6 月 24 日	贯彻落实《中共中央 国务院关于完整准确全面贯彻新发展理念做好碳达峰碳中和工作的意见》的实施意见
2022 年 6 月 24 日	科技支撑碳达峰碳中和实施方案（2022—2030 年）
2022 年 6 月 30 日	农业农村减排固碳实施方案
2022 年 6 月 30 日	城乡建设领域碳达峰实施方案
2022 年 8 月 1 日	工业领域碳达峰实施方案
2022 年 8 月 19 日	关于加快建立统一规范的碳排放统计核算体系实施方案

1. 碳达峰碳中和顶层设计文件出台，总体部署降碳目标路径

碳达峰碳中和"1+N"政策体系，由《中共中央 国务院关于完整准确全面贯彻新发展理念做好碳达峰碳中和工作的意见》这份纲领性的"1"文件和以《2030 年前碳达峰行动方案》为代表的"N"个文件组成，对碳达峰碳中和工作进行系统谋划和总体部署，指明工作原则和各阶段目标，从经济社会发展绿色转型、产业结构调整、清洁低碳能源体系构建、低碳交通运输体系建设、城乡建设绿色低碳发展、重大科技攻关、碳汇能力提升、对外合作以及制度机制保障等方面明确政策要求。

2. 分领域、分行业"碳达峰"政策持续出台，多角度发力推动协同降碳

在能源领域，先后出台能源、油气、可再生能源等碳达峰实施方案；在工业领域，发布碳达峰实施方案，提出《"十四五"工业绿色发展规划》和钢铁、水泥、石化化工等重点高

耗能行业低碳发展指导文件；在交通运输、城乡建筑、农业农村发展等领域，均发布落实碳达峰实施方案，共同构成覆盖各行业领域的碳达峰碳中和"1+N"政策体系。

2022 年，各部门积极落实相关政策要求，切实推进各领域实现"碳达峰"目标。能源低碳转型方面，开启绿电交易试点，先后出台南方、北方区域的绿电交易规则，绿电相关体制机制不断完善、交易规模不断扩大；重点行业节能降碳方面，相关部委出台强化"两高"行业重点领域能耗"双控"系列政策，提出更严格的能效标准，要求提升改造现有项目能效和严格新建项目准入标准。在交通领域，重点开展纯电动、氢燃料电池、可再生合成燃料车辆及船舶的试点，探索甲醇、氢、氨等新型动力船舶应用，推动液化天然气动力船舶应用，积极推广可持续航空燃料应用，加速低碳能源在交通领域对化石能源的替代；在城乡建设和农业农村领域，要求加速屋顶光伏等分布式可再生能源建设，继续推动大气污染防治重点区域散煤治理，加快"气代煤""电代煤"在农村供暖和农业等方面的应用，推动建筑用能和农业用能清洁化替代。

3. 能源领域发布多项"十四五"规划，推动构建清洁低碳能源体系

2022 年，中国先后出台《"十四五"现代能源体系规划》《"十四五"可再生能源发展规划》《"十四五"新型储能发展实施方案》，为能源安全稳定供给、可持续发展和清洁低碳转型明确了目标任务和重点工程。煤炭行业，"十四五"时期严格合理控制煤炭消费增长，"十五五"时期逐步减少，短期内强调煤电基础保障性作用，煤炭消费压减重点在于工业小锅炉和农村散煤清洁化替代。油气行业，要求加快推进非常规油气资源规模化开发，到 2025 年原油年产量稳定在 2 亿吨，天然气年产量达到 2300 亿立方米以上，油气增储上产仍是保障我国能源安全的重要战略；要求保持石油消费处于合理区间，2025 年国内原油一次加工能力控制在 10 亿吨以内，石化化工行业仍需坚决执行减油增化战略；出台天然气"双调峰"政策，天然气发电建设条件收紧；"气代煤"作为协同减污降碳重要手段，在工业小锅炉和农村散煤替代方面获得政策支持。新能源产业，到 2025 年可再生能源消费总量达到 10 亿吨标准煤左右，在一次能源消费增量中占比超过 50%，可再生能源发电量增量在全社会用电量增量中占比超过 50%，风电和太阳能发电量实现翻倍，大力推动可再生能源的规模化、基地化开发，积极推进风电、光伏发电分布式开发和水风光综合基地一体化开发，发展储能和氢能技术的工程示范，努力提高可再生能源消纳。

4. 碳交易市场政策机制逐步完善，碳定价机制降碳作用初步显现

全国碳排放权交易市场运行一年多来，在《碳排放权交易管理办法（试行）》《全

国碳排放权交易市场建设方案（发电行业）》等碳排放权相关制度机制的管控要求下，市场技术规范和基础设施逐步完善，市场运行平稳有序，交易价格稳步提升，碳定价机制在企业减碳过程中的作用得到强化，促进企业温室气体减排和加快绿色低碳转型的作用初步显现。

2022 年，生态环境部正在加紧推动《碳排放权交易管理暂行条例》出台，进一步完善配套交易制度和相关技术规范。未来将充分借鉴碳市场的试点经验，分阶段、有步骤地推进全国的碳市场建设；工作重心由地方试点示范转向全国统一碳市场建设，并逐步扩大全国碳市场的行业覆盖范围，丰富交易主体、交易品种和交易方式。

5. 建立健全能源低碳转型体制机制，保障低碳发展目标落实见效

2022 年，《关于完善能源绿色低碳转型体制机制和政策措施的意见》《减污降碳协同增效实施方案》等文件先后发布，从政策制定和协同管理的层面，推动能源开发、运营管理、监管考核等体系架构的构建，支撑实现能源低碳发展目标。《财政支持做好碳达峰碳中和工作的意见》《支持绿色发展税费优惠政策指引》等文件，在清洁低碳能源发展、新能源利用、低碳零碳负碳、节能环保技术研发、生态系统保护修复和提升碳汇能力等方面不断丰富财税政策工具，逐步建立有利于绿色低碳发展的财税政策框架。绿色金融三大功能正在显现，五大支柱初步形成，绿色债券、碳减排支持工具、绿色基础设施等项目不断完善，绿色金融将在实现"双碳"目标过程中发挥重要支持保障作用。《加强碳达峰碳中和高等教育人才培养体系建设工作方案》明确要求开设碳中和学科专业，加强相关人才的培养体系建设。

第二节　碳中和技术进展与展望

实现碳达峰碳中和目标的技术，主要包括低碳技术、零碳技术、负碳技术三类。低碳技术的核心是提升能源利用效率，节能降耗是碳达峰前的主要降碳技术手段，用以实现过程控排；零碳技术的核心是可再生能源、核能、清洁氢能等零碳能源的开发与利用技术，从能源供应端降低碳排放，以实现源头控排；负碳技术是实现碳中和必要的托底性技术之一，主要包括 CCUS 及生物增汇技术，用以实现末端减排（图 6-3）。

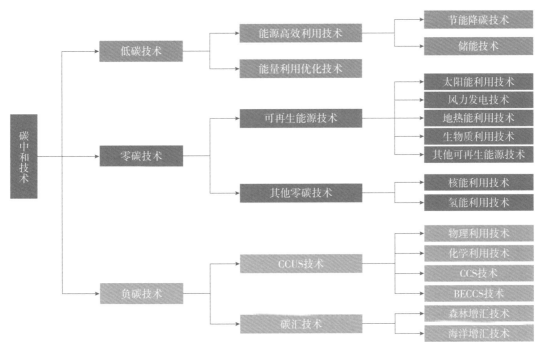

图 6-3 碳中和技术分类图

一、零碳技术

1. 太阳能电池技术

2022 年，中国晶硅类太阳能电池技术平均转换效率稳步提升，继续领跑全球。单晶硅电池技术进步加速，市场占比最高的 P 型 PERC 单晶电池最高转换效率达到 24.5%，较上一年提高约 1 个百分点；N 型 TOPCon 电池（全面积）最高转换效率达到 26.1%，较上一年提高 0.7 个百分点；N 型异质结、P 型异质结硅电池技术的转换效率分别达到 26.5%、26.12%，较上一年分别提高 0.2 个百分点、0.65 个百分点。N 型异质结硅电池技术，成为目前晶硅类转换效率最高的电池技术。

2022 年，薄膜类太阳能电池技术进步平稳，由于整体转换效率与晶硅类太阳能电池差距较大，产业化进程发展仍然较为缓慢。能够商品化的薄膜电池主要包括碲化镉（CdTe）、铜铟镓硒（CIGS）、砷化镓（GaAs）三种。从全球看，碲化镉、铜铟镓硒两类薄膜电池进展较快，据公开报道的数据，其实验室效率分别达到 22.1%、23.35%，其组件效率分别达到 19%、19.64%，初步具备特殊场景下的商业化应用价值；砷化镓薄膜电池实验室效率（非聚光条件）达到 39.5%，中国砷化镓薄膜电池实验室效率也能达到 35.4%。钙钛矿太阳能电池实验室最高转换效率达到 29.8%，但稳定性差的问题依然没有彻底解决，整体上仍处于研发与示范阶段。

2023 年，预计晶硅类太阳能电池技术将继续维持平稳发展态势，P 型 PERC 单晶电池最高转换效率将在 2022 年基础上提高 0.3 ~ 0.5 个百分点，薄膜类与晶硅类的太阳能电池技术仍然存在较大差距，产业化进程依然缓慢。

2. 海上风电技术

2022 年，中国海上风电技术进步显著。随着设计与制造技术的提升，海上风电机组最大单机容量已达 13.6 兆瓦，单机容量同比增长 8.8%。风轮叶轮直径达到 252 米，比上一年提高 41 米；叶轮扫风面积达到约 5 万平方米，比上一年提高 1.5 万平方米。

2022 年，中国漂浮式海上风电研发迎来突破。三峡集团的"三峡引领号"漂浮式海上风电于 2021 年年底并网发电后，中国海装自主研发的我国首台真正意义上的深远海漂浮式海上风电平台也于 2022 年 5 月成功拖航于预定海域。该项目的实施，使中国基本掌握了漂浮式风电一体化仿真分析与适应性优化、机组 – 浮体 – 系泊总体设计、海上建造施工等技术，初步具备了浮式风电装备的全流程技术开发能力，填补了我国深远海浮式风电装备研制及应用的空白。

2023 年，随着示范项目的陆续投产，漂浮式海上风电将开启发展元年。随着新增项目单机容量的持续提升，浅海风电的部分项目单位千瓦建设成本也将下降到 1 万元以内。

3. 陆上风电技术

2022 年，中国陆上风电技术已比较成熟，但仍在不断提升。一是核心部件国产化程度显著提升，叶片主要材料及加工技术基本实现国产化，发电机、变桨轴承、变流器、变桨系统等核心部件国产化率超过 95%，轴承国产化率增至 50%；二是叶片长度大幅增加，陆上风机最长叶片长度达到 99 米，比 2022 年年初增加 8 米；三是新技术不断涌现，新型传感技术、增强气动技术、数字化技术不断发展并获得应用，促进风机设计、风电场选址、运营管理等更加高效智能。

二、负碳技术

1. CCUS 技术

二氧化碳捕集利用与封存（CCUS）是指将二氧化碳从气源中分离出来，通过利用或注入地层，以实现永久减排的过程。CCUS 技术，被普遍认为是实现碳中和目标的兜底性技术，是有效减少二氧化碳排放的重要手段之一。

CCUS 技术主要包括捕集、输送、应用（驱油驱气）、封存四个环节。由于各环节技术发展存在较大差异且关键技术不够成熟，CCUS 整体成本居高不下。一是低能耗、低成本捕集技术发展缓慢。尽管适用于低浓度碳源捕集的化学吸收法和高浓度碳源捕集的低温精馏法已经得到比较广泛的应用，但其单位能耗以及投资强度不足以支撑 CCUS 的商业化发展；膜分离、变压吸附等捕集技术尚处于示范阶段，尚不能支撑大规模工业化应用；基于多种技术耦合的混合捕集技术尽管获得了较好的实验效果，但仍处于研究阶段。二是二氧化碳输送技术相对成熟，槽车运输、船舶运输已得到应用，管道输送在美国和加拿大已运行多年，我国也完成年输送能力百万吨级管道项目的初步设计，正在制定相关设计规范；海底管道输送技术尚处于研究阶段。三是驱油应用技术相对成熟，特别是混相驱的驱油技术，已在美国、加拿大实施和运行多年，我国处于示范阶段但取得了良好的效果。四是地质封存技术的可靠性和安全性已基本得到验证，但与之相关的封存机理研究、地质封存潜力评估、封存地选择标准或规范、地下运移及监测等技术仍需进一步发展。

截至 2022 年 9 月底，全球 CCUS 项目数量（含在运行、在建、拟建、前期研究）同比增长 43.7%，增加 59 个项目。CCUS 相关技术得到不同程度的发展，中国全链条示范项目研究明显增长，预计 2022 年全球 CCUS 项目数量将达到 200 个以上，全球二氧化碳总捕集能力达到 2.5 亿吨。

2023 年，预计全球 CCUS 项目数量（含在运行、在建、拟建、前期研究）爆发式增长，但捕集技术发展仍然缓慢。

2. BECCS 技术

BECCS 技术是指生物质能利用与碳捕集封存相结合，将生物质利用过程中产生的二氧化碳进行捕集封存的技术。该技术全过程为典型的"负排放"，是未来实现碳中和的关键性技术之一。

BECCS 技术主要包括生物质利用和 CCS 两个技术环节。各环节技术的成熟程度，将影响 BECCS 的商业化水平。生物质利用技术基本成熟，除利用生物质间接制备液态烃技术外，其他技术均已达到商业化应用水平，其中生物质制乙醇、生物质燃烧发电等技术为 BECCS 项目提供较为理想的应用场景，但 CCS 技术进展比较缓慢导致 BECCS 至今仍处于示范阶段。截至 2021 年年底，全球共运行 4 个 BECCS 示范项目，最大项目的二氧化碳年捕集量达到 150 万吨。目前 BECCS 项目主要集中在生物乙醇制造行业，由于生物质发酵产生的二氧化碳浓度高达 99% 以上，因此捕集成本占比较大；生物质发电和垃圾焚烧发电也在逐渐部署中，是未来 BECCS 技术具有发展潜力的重要应用领域。据生态环境部环境规划院预测，中国到 2030 年 BECCS 碳减排潜力将达到 100 万吨。

3. 海洋碳汇技术

海洋是地球上最大的活跃碳库，据估算每年可吸收人类活动排放的二氧化碳大约 20 亿吨。海洋碳汇具有碳循环周期长、固碳效果持久等特点，是比较高效的长期碳汇。保护和开发海洋碳汇，是控制大气中二氧化碳浓度的有效手段之一。

越来越多的国家开始重视海洋碳汇应对气候变化的价值和潜力，美国、澳大利亚等国家将海洋碳汇列入本国自主贡献清单，美国、印度尼西亚、欧盟等相继出台政策以支持海洋碳汇的相关产业发展。

中国海洋碳汇资源较为丰富，年碳汇量 2.9 亿 ~ 3.6 亿吨；其中，海岸带蓝碳、渔业碳汇、微型生物碳汇，年总增汇潜力超过 1.1 亿吨，每年可预期、可施行的增汇量约 7000 万吨。海岸带蓝碳是目前国际上普遍承认的海洋碳汇范畴，主要包括红树林、滨海盐沼和海草床等，并且其技术和产业也较为成熟；渔业碳汇的增汇潜力较大、增汇措施具体可行，是近中期增汇的主要领域；微型生物碳汇，总体上还处于探索研究阶段。

2023 年，渔业碳汇方法学研究将迎来实质性进展，通过渔业的产业发展实现增汇将逐渐成为现实。

第三节　碳定价机制

碳定价机制是指对温室气体排放以每吨二氧化碳当量为单位给予明确定价的机制。碳定价机制主要包括碳排放权交易体系（ETS）、碳税、碳信用机制、基于结果的气候融资（RBCF）、内部碳定价五种形式。其中，碳排放权交易体系、碳税属于直接碳定价机制。

碳排放权交易体系是全球实行最为广泛的碳定价机制，一般分为现货交易和期货交易两种形式。碳税是指对二氧化碳排放所征收的税种。碳信用是允许用户排放一定数量二氧化碳的许可证明，一个碳信用额度等于 1 吨二氧化碳排放；一般分为自愿减排和核证减排量。基于结果的气候融资是一种为发展中国家的低碳发展提供气候融资的模式，资金仅在一系列约定的气候成果达成后才会由融资方向受援方付款。内部碳定价是指企业在内部政策分析中为温室气体排放赋予财务价值，进而影响决策过程，是企业促进能源效率提高的内部激励机制。

一、国际碳定价机制

1. 国际碳定价机制概况

碳定价机制及工具不断发展，覆盖范围逐渐扩大。截至 2022 年 4 月底，超过 13 个国家或地区实行碳交易机制，超过 28 个国家或地区实施碳税，全球碳定价工具中在使用的 68 种、在推行的 3 种，其中碳排放权交易工具 34 种、碳税工具 37 种。2022 年，预计全球碳定价机制覆盖温室气体的比例接近 23%（图 6-4），碳税覆盖温室气体排放量占全球总量接近 6%。2021 年度自愿减排碳信用市场价值首次超过 10 亿美元，基于森林和土地利用的自然解决方案的碳信用价格大幅攀升，而基于可再生能源项目的碳信用额度价格增长相对缓慢。全球执行各种 RBCF 计划已超过 74 项，覆盖林业及土地利用、能源以及交通等领域。全球市值最大的 500 家企业中已有 226 家出台或意向出台内部碳价格，内部碳定价已逐步成为企业界将气候风险纳入其长期战略规划的新常态。

国际碳价持续上涨，引导全球低碳转型。截至 2022 年第二季度，全球碳价的均值为 24 美元 / 吨（图 6-5）。2022 年，全球碳价均值预计从上一年的 21.2 美元 / 吨上涨至 24 美元 / 吨，全球碳定价收入在上一年 840 亿美元基础上也将相应增长，对全球低碳转型发挥更好的价格信号和引导作用。

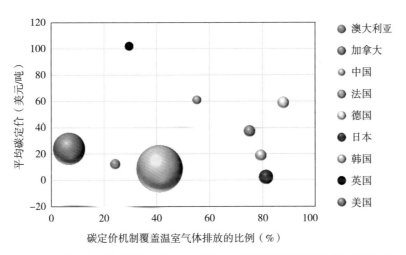

图 6-4　部分国家平均碳定价及碳定价机制覆盖该国温室气体比例

数据来源：Wood Mackenzie、CNOOC EEI

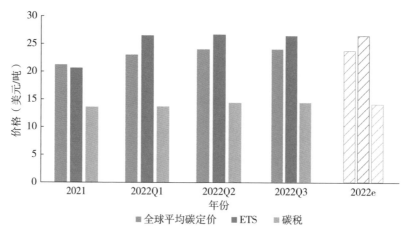

图 6-5　全球碳定价变化走势及发展趋势预测
数据来源：Wood Mackenzie、CNOOC EEI

碳排放权现货市场平稳发展，欧盟现货市场成熟运行。近年来，欧盟碳排放权（EUA）
现货市场进入成熟运行阶段，EUA 现货交易价格也持续上涨，履约企业对减排成本的接受
程度和支付意愿较高。截至 2022 年 10 月底，2022 年度 EUA 现货市场均价 80.81 欧元 / 吨，
2022 年度欧盟航空配额（EUAA）现货市场均价 80.14 欧元 / 吨。

碳排放权期货市场特征显著，持仓总体吻合减碳进程。欧盟碳排放权（EUA）期货是
全球最成熟的碳排放权交易期货，呈现两个显著特征：一是 EUA 期货换月以当年 12 月合约
直接换次年 12 月合约为主，与能源期货通常逐月换月形成显著对比；二是 EUA 期货市场总
体风险转移容量逐年下降，与 EUA 发放量逐年下降的欧盟碳减排总体进程完全一致，说明
EUA 期货市场运行相对稳定，投机性交易占比不高（图 6-6）。

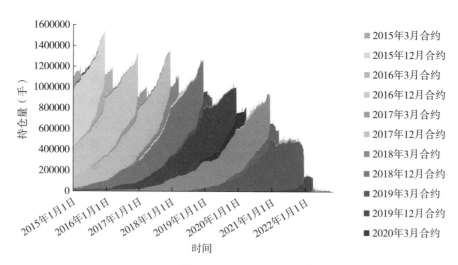

图 6-6　EUA 期货各月合约每日持仓量走势
注：1 手 =1000 吨碳当量
数据来源：Refinitiv

碳税覆盖范围增大，税率不断提高。2022 年，实行碳税政策的国家，新增了乌拉圭。全球碳税价格差异较大，最低不足 1 美元 / 吨，最高 137 美元 / 吨。发达国家的碳税定价水平普遍偏高，税率与人均 GDP 呈现出正相关关系。卢森堡、爱尔兰等 20 多个国家和地区的碳税机制与其 ETS 机制形成了良好的互补关系。

2. 国际碳定价机制展望

未来全球碳价将持续上涨。2023 年，全球碳市场环境明显改善，预计欧盟碳市场期货交易价约 80 欧元 / 吨。全球碳价持续上涨的原因：一是实现《巴黎协定》温室气体排放目标的要求；二是欧盟 CBAM 进展推动全球碳价加速均衡化；三是《巴黎协定》第六条细则为全球碳交易奠定制度基础。

碳定价机制覆盖范围逐渐扩大。2023 年，在各国国家自主贡献（NDC）承诺推动下，预计碳定价机制覆盖范围将持续增大，碳税、碳信用市场、碳交易市场等机制将不断发展。新加坡、加拿大等国将陆续设定或更新碳税发展目标（图 6-7），马来西亚、印度等国也将推出自愿性碳交易市场。

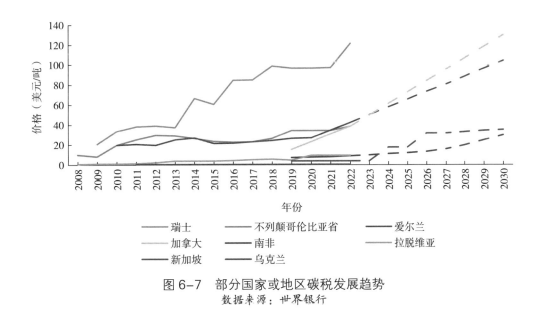

图 6-7　部分国家或地区碳税发展趋势
数据来源：世界银行

二、中国碳定价机制

碳排放权交易市场是中国当前主要实行的碳定价机制。中国碳定价体系历经萌芽期、试点期，现已进入碳排放权交易市场的加速成长期，相关政策和制度正逐步完善。全国碳排放权现货市场自 2021 年启动以来，交易价格稳中有升，市场随履约周期呈现合理波动。中国碳排放权期货尚未上市，但是随着广州期货交易所于 2021 年 4 月 19 日揭牌，相关期货品种正在研发。

1. 2022 年中国碳排放权现货市场

截至 2022 年 10 月底，全国碳排放权现货市场成交均价 53.99 元 / 吨，每日收盘价最低触及 41.46 元 / 吨、最高上探 61.38 元 / 吨，碳排放配额（CEA）累计成交量 1.96 亿吨，累计成交额 86.02 亿元（图 6-8）。全国碳市场活跃度随碳排放管理周期呈现合理波动，交易活跃度和日均交易量在履约期前后达到峰值后趋于平稳，履约型市场特征明显。短期市场表现主要受阶段性配额供需情况影响，总体符合一般市场规律。

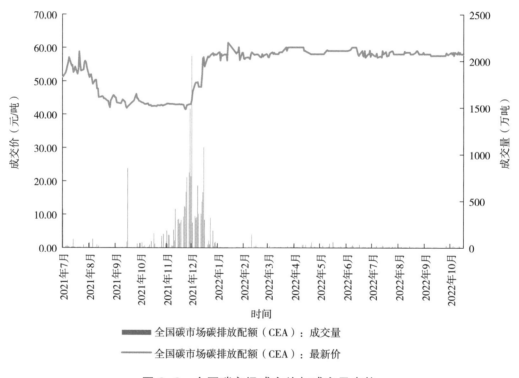

图 6-8 全国碳市场成交价与成交量走势
数据来源：上海环境能源交易所

2. 2023 年中国碳市场展望

"十四五"末或"十五五"初，石化、化工、建材、钢铁、有色、造纸、航空等八大重点排放行业将逐步纳入全国碳市场。全国碳市场覆盖企业数量接近 8000 家，配额总量将从目前的 45 亿吨提高到 85 亿吨，占中国二氧化碳排放总量的 80% 左右。

2023 年，《碳排放权交易管理暂行条例》有望出台，碳排放权期货可能挂牌上市，有利于绿色低碳发展的税收政策体系不断健全。预计全国碳排放权现货市场成交均价持续上涨至 63 元 / 吨，通过释放合理的价格信号，引导社会资金流动，推动生产、消费、投资向低碳方向转型。

第四节 绿色金融与绿色投资

一、全球绿色金融与绿色投资回顾

全球绿色金融发展驶入快车道。绿色贷款、绿色债券等可持续投融资随着越来越多的国家宣布碳中和目标而快速发展。全球绿色融资金额由 2012 年的 52 亿美元增加至 2021 年的 5406 亿元美元（图 6-9），所占全球融资金额的比例也由约 2.1% 上涨至 4.0%；绿色债券发行是绿色融资的主要部分，占 2012—2021 年全球累计绿色融资金额的 93.1%，美国、中国内地、卢森堡居全球发行量前三位。2022 年，预计全球绿色融资金额将突破 1 万亿美元，尤其是绿色债券将呈现快速增长趋势。

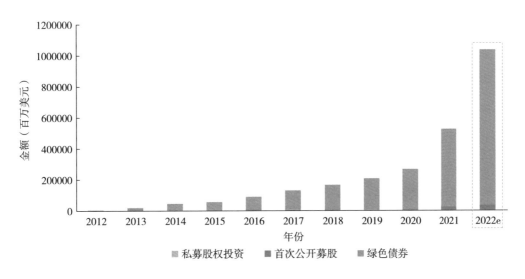

图 6-9 全球绿色融资情况
数据来源：英国金融行业组织

　　绿色投资在全球范围内持续盛行。ESG 投资考量公司外溢出的社会成本已成为国际主流，旨在真正筛选出既能创造经济价值又能兼顾社会价值的优秀企业。全球可持续投资联盟（GSIA）数据显示，截至 2020 年年底，全球 ESG 投资规模达到 35.30 万亿美元，超过全球资产管理总规模的三分之一，相比 2012 年增长了近两倍，年复合增速 13.0%，高于全球总资产的年化增长率。预计到 2022 年年底，全球 ESG 投资规模将达到约 42 万亿美元。

二、全球绿色金融与绿色投资展望

　　全球绿色金融与绿色投资发展仍面临挑战。具体表现为：一是各国经济与社会发展存在差异，导致绿色金融发展不平衡；二是绿色金融产品和服务的创新速度，尚不能满足绿色投资的巨大资金需求；三是绿色金融标准和环境信息披露要求不统一。

　　未来，预计各国将加强在绿色金融与绿色投资领域的政策协调，推动国际标准体系建设；构建全球数据共享平台，拓宽绿色数据分享渠道，以解决信息基础设施缺失、信息披露机制不完善等问题，推动全球绿色金融与绿色投资的发展与国际合作。

三、中国绿色金融与绿色投资回顾

　　中国是全球绿色金融发展的引领者。中国已成为推动全球绿色金融发展的重要力量。一是绿色金融政策框架逐渐完善。2022 年，系统性绿色金融标准体系不断健全，18 家绿色债券评估认证机构通过注册（表 6-3）。二是绿色金融产品和工具更加丰富。绿色信贷是中国金融体系中最重要的绿色金融工具，2022 年三季度末中国本外币绿色贷款余额达到 20.9 万亿元，同比增长 41.4%，存量规模居全球前列（图 6-10）；绿色债券发行体量迅速扩张，2022年前三季度境内绿色债券累计发行规模超万亿元，创新品种不断丰富，碳中和债、蓝色债券等创新子品种不断增加（图 6-11）；截至 2022 年 10 月底，全国碳排放权现货市场累计成交额 85.6 亿元。三是绿色金融国际引领作用增强。联席牵头 G20 可持续金融工作组，推动制定转型金融框架；与欧方推进绿色金融分类标准比对；稳步推进绿色"一带一路"建设，满足"一带一路"沿线国家产业转型和绿色发展需求等。

表 6-3　2022 年中国绿色金融相关政策

发布时间	政策名称	政策要点
2022 年 2 月	可持续金融共同分类目录报告——减缓气候变化（中文版）	可持续金融国际平台（IPSF）设立的可持续金融分类目录工作组，基于中欧绿色金融分类目录初步编制的一份双方共同认可的绿色经济活动清单
2022 年 3 月	关于推进共建"一带一路"绿色发展的意见	有序推进绿色金融市场双向开放，鼓励金融机构和相关企业在国际市场开展绿色融资
	上海证券交易所"十四五"期间碳达峰碳中和行动方案	包括优化股权融资服务、推动绿色债券发展、完善绿色指数体系、推进绿色金融市场对外开放、加强绿色金融研究力度
2022 年 4 月	生态环保金融支持项目储备库入库指南（试行）	将大气污染防治、水生态环境保护等八大领域纳入项目储备库范围，引导金融资金投向，实现供需有效结合
	碳金融产品	提出具体的碳金融产品实施要求，促进各界加深对碳金融的认识
2022 年 6 月	"十四五"可再生能源发展规划	要求完善可再生能源绿色金融体系，完善绿色金融标准体系，实施金融支持绿色低碳发展专项政策
	减污降碳协同增效实施方案	提出大力发展绿色金融，用好碳减排货币政策工具，引导金融机构和社会资本加大对减污降碳的支持力度
	可持续金融共同分类目录（更新版）	新增制造业和建筑业的 17 项经济活动
	银行业保险业绿色金融指引	要求银行保险机构深入贯彻落实新发展理念，从战略高度推进绿色金融
	上海证券交易所公司债券发行上市审核规则适用指引第 2 号——特定品种公司债券	新增推出低碳转型债券、低碳转型挂钩债券品种
	关于开展转型债券相关创新试点的通知	拟创新推出转型债券，应对气候变化目标
2022 年 7 月	中国绿色债券原则	明确绿色债券定义及四项核心要素
2022 年 8 月	关于加快建立统一规范的碳排放统计核算体系实施方案	到 2023 年，基本建立职责清晰、分工明确、衔接顺畅的部门协作机制，初步建成统一规范的碳排放统计核算体系
2022 年 9 月	深圳证券交易所公司债券创新品种业务指引第 1 号——绿色公司债券（2022 年修订）	一是调整绿色公司债券募集资金用途；二是明确绿色项目认定范围；三是新增项目评估与遴选流程披露要求

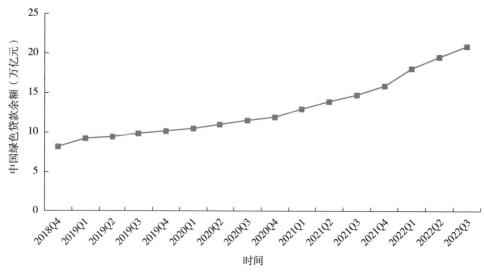

图 6-10　中国绿色贷款余额
数据来源：Wind

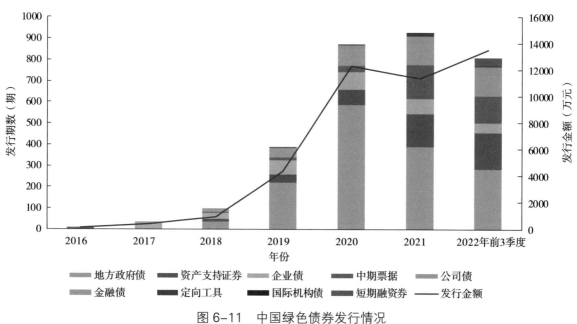

图 6-11　中国绿色债券发行情况
数据来源：Wind

　　中国绿色投资尚处于起步阶段。中国高度重视绿色投资，因落后于境外发达市场，整体向上空间较大。一是自上而下政策支持 ESG 投资发展，引导 ESG 体系建设。二是资产配置以股债为主，产品类型不够多元化。2022 年，深交所发布国证中财碳中和绿色债券指数、国证中财碳中和 50 指数等，首批 8 家碳中和 ETF 也正式获批，初步发挥指数基金对资源配置的引导作用。三是 ESG 信息披露仍待进一步加强。尚未建立起具有中国特色的 ESG 信息披露体系，上市公司披露 ESG 报告尚未实现全覆盖。

四、中国绿色金融与绿色投资展望

2023 年，中国将继续对标国际绿色金融标准体系，提高与碳中和目标的匹配度，提高环境信息披露水平，加强对国内金融机构和企业绿色信息披露的优化管理；适度超前培育科技、人才等关键要素，深化运用金融科技创新监管工具，提高绿色金融与绿色投资从业人员的专业能力。积极参与绿色金融与绿色投资的合作与交流，参与全球标准的制定，形成全球语言体系，在国际合作平台上发挥作用，提升全球话语权。

（本章撰写人：孙洋洲　王文怡　欧阳琰　何　萱　张　夏　李　强　张晓舟　周彦希
审定人：孙海萍）

第七章　能源地缘政治

第一节　国际能源地缘政治格局

2022年，乌克兰危机、美国拜登政府的内外施政和中期选举、新冠肺炎疫情的管控政策，是影响世界地缘政治格局和能源政策的重大体系性因素。军事和外交等"传统安全"议题快速外溢到供应链、能源、粮食、网络安全等"非传统安全"议题，世界经济逆全球化、经济安全政治化、军事安全集团化的趋势进一步加剧。能源关系的安全属性开始压倒其效率属性，将随政治关系进行重组。全球社会经济格局的演变和能源消费文化的变迁，都将给能源转型带来更多新挑战和新模式。

乌克兰危机的外溢效应影响着国际能源格局。2022年年初爆发的乌克兰危机是直接冲击冷战之后形成的国际地缘政治基本格局的重大事件，尚无妥善解决的迹象。欧美等西方国家对乌克兰提供了大量经济和军事援助，并对俄罗斯实施前所未有的经济制裁，重点打击俄罗斯金融和能源行业，从而造成全球能源价格暴涨和粮食危机。乌克兰危机影响下的欧洲能源危机彰显可再生能源的脆弱性和能源转型的渐进性。

拜登政府能源和气候政策仍然有摇摆的迹象。美国拜登政府施政逐渐进入稳定期，但美国两党在重大政策上高度对立，能源转型不如预期顺利。美国政府在外交上利用乌克兰危机进一步强化与"五眼联盟"、欧盟、日韩等的战略同盟，加速国际政治经济和能源关系的对立格局。但是，面临美国国内高通胀和共和党的压力，拜登的支持率整体逊色于2021年。中期选举结果将对拜登政府未来的施政造成困难。

全球社会经济活动因更多国家大范围解除防疫措施和旅行限制而趋于活跃。在一些热点地区和旺季时段，社会经济活动甚至已经超过疫情前，例如在卡塔尔举办的世界杯足球赛是疫情暴发以来如期举办的最大的国际赛事。社会经济和境内外旅行的恢复，将促进能源需求的增长。但是，预计疫情后的世界并非简单重回疫情前，仍将面临紊乱和调整，与能源高度相关的产业链和贸易关系面临重构的可能性。

一、美洲地区

美国能源转型在两党分裂背景下艰难推进。美国拜登政府大力推进以《通胀削减法案》（*Inflation Reduction Act*）为代表的多项宏观经济法案与措施。美国油气产业因乌克兰危机和美国制造业回归计划而获利，但面临更严格的政策环境。由于通胀压力以及民主党内部对于一些具体能源政策的分歧，拜登政府虽然比特朗普政府更加积极推进美国的能源转型，但是进展不如预期，且过度依赖行政命令，使得这些政策难以长久持续。共和党在中期选举中获得众议院多数席位，可能导致拜登政府在未来两年中"跛脚"施政，影响其包括能源转型在内的一系列经济政策。

加拿大两党政治与美国关系，仍是其能源政治的两大主轴。2022 年，加拿大能源行业从全球能源价格高涨和对美能源出口增长中受益，但是，加拿大执政的自由党和最大反对党保守党在能源转型、横山管道等重点能源工程建设上的立场仍然撕裂。自 2021 年 9 月后，自由党领导少数政府，试图限制加拿大油气行业碳排放，但是遭到支持保守党能源立场的阿尔伯塔、萨斯喀彻温等产油省的坚决反对。加拿大能源行业受到美国能源政策的高度影响，未来油气行业发展和能源转型存在较大不确定性。

拉丁美洲能源行业受乌克兰危机外溢效应影响较大，资源民族主义和政府垄断进一步加强。拉丁美洲各国面临通货膨胀、腐败和失业等问题，民众对政府满意度普遍下降，政局不稳，增加了外国和私人投资者的投资经营风险。墨西哥在北美自由贸易区框架内，被美国和加拿大多次抨击其保护性的油气上游政策。卢拉在巴西选举中击败博索纳罗，普遍预测卢拉将加大政府干预力度，巴西油气行业不确定性进一步加大。但是，受益于高企的能源价格，拉丁美洲资源国仍然吸引着更多国际投资者加大对该地区的能源投资。

二、欧洲地区

欧洲地区面临乌克兰危机外溢带来的地区安全和能源供给挑战。东欧国家在乌克兰危机问题上较为活跃，在一定程度上削弱了德法等传统欧洲大国对欧盟外交的主导力。乌克兰危机爆发后，欧盟同美国等西方国家对俄罗斯实施了多轮经济制裁，重点打击俄罗斯的能源和金融部门。欧盟出台"REPowerEU"能源计划，计划于 2027 年完全停止从俄罗斯进口化石能源并加快能源转型。相比于欧盟委员会，各成员国政府在应对能源危机中起到了更加直接的作用，政府补贴、价格管制甚至国有化部分能源基础设施，成为欧盟各成员国政府对能源行业进行干预的普遍手段。未来欧盟能源政策的结构性转型和能源市场改革可能会持续多年，并面临内部经济与成员国内部达成共识的两方面挑战。

德国借助乌克兰危机推进能源转型。在 2021 年大选后，德国由"社民党 – 绿党 – 自民党"组成联合政府，本身就对能源转型态度积极。在乌克兰危机背景下，德国国防和外交开始突破二战后的传统，增加国防支出，转变传统亲俄立场。危机爆发后，德国第一时间停止对"北溪 –2 号"管道的认证，并积极参与欧盟对俄制裁。德国是与俄罗斯能源关系最为紧密的欧洲国家，受乌克兰危机影响较大。但是，德国政府积极利用乌克兰危机推进能源转型。2022 年 4 月，德国政府制订计划，将 2030 年电力系统中可再生能源比例从 65% 调至 80%。

法国能源政策在乌克兰危机下相对稳健。2022 年法国大选，马克龙成功连任法国总统，但在国民议会选举中丢掉多数地位，在野政党席位增加，对马克龙施政产生不利影响。在乌克兰危机背景下，法国作为欧洲政治大国所产生的影响力低于预期，马克龙的外交斡旋并未产生实质成效。由于广泛使用核能，法国能源行业受到乌克兰危机的影响相对较轻，甚至可以向邻国输出能源。

英国内政动荡背景下仍提高能源税收。2022 年，是英国内政较为动荡的一年，短时间连续两次更换首相属历史上少见，提前举行大选的可能性增加。乌克兰危机爆发后，英国成为向乌克兰提供援助最为积极的国家之一，希望借此重新获得因"脱欧"丢失的在欧洲大陆的政治影响力。在能源价格大幅上涨的背景下，英国政府对能源上游行业征收调节金，并进一步推动北海地区经济转型；英国最新公布的财政预算案决定，从 2023 年 1 月 1 日起到 2028 年 3 月将对能源企业征收的暴利税从 25% 提高至 35%，以帮助填补公共财政的巨大缺口。

三、欧亚和前苏联地区

俄罗斯经济和外交在乌克兰危机背景下损失严重。俄罗斯对乌克兰的"特别军事行动"，是欧洲自第二次世界大战之后最大的武装冲突。欧洲开始考虑如何摆脱对俄罗斯油气的依赖，并且已经对俄罗斯实施了八轮制裁，包括实施将俄银行剔除出 SWIFT 体系和冻结俄海外资产等严厉的制裁手段。能源产业是西方对俄制裁的重点，西方能源公司退出俄罗斯油气行业，并且对俄罗斯实行资本和技术制裁，这些手段都将实质性损害俄罗斯的能源产业，特别是俄油气行业的绿地投资。

前苏联地区原有的经济和政治秩序加速解体。在西方制裁下，俄罗斯综合国力下降导致该地区与俄罗斯经济关系更加脆弱，地缘政治影响力下降，俄罗斯一度借技术原因限制哈萨克斯坦通过其 CPC 管道出口石油。域外国家持续在前苏联地区增加影响力。欧盟在能源短缺背景下加强与阿塞拜疆的政治联系以强化能源合作。

四、中东和北非地区

中东和北非地区的安全态势呈现整体向好趋势。随着大宗商品价格大幅上升，大部分中东和北非地区的油气出口国都从中受益，但该地区其他国家则由于高涨的能源和粮食价格，国民经济受到较大影响。海湾地区阿拉伯产油国的政治影响力因高油价得到提升，欧盟进一步强化与埃及、以色列和阿尔及利亚的能源合作。但油价高涨也提高了财政上对自然资源开采的依赖，原计划中的能源转型速度放缓。

中东和北非地区的部分国家安全形势不容乐观。恐怖袭击、社会抗议和中央 – 库尔德关系等多重因素对伊拉克油气生产造成了影响，伊核协议短期内难以达成，也影响了伊朗石油行业的复苏。利比亚依然呈现事实上的分裂和军事对峙状态，政治不稳定限制了利比亚石油生产，使其难以受惠于 2022 年的高能源价格。

五、撒哈拉以南非洲地区

撒哈拉以南非洲国家对高企的能源和粮食价格十分敏感。作为全球经济中较为脆弱的一环，撒哈拉以南非洲国家政府预算普遍较为紧张，应对经济问题时有效工具较少。即使是产油国，也面临着投入不足导致增产能力有限的情况，难以从高能源价格中获益。新冠肺炎疫情和大宗商品价格上涨对撒哈拉以南非洲的经济影响可能会持续较长时间，并且社会经济危机容易演变为政治安全危机，为该地区的能源生产与消费稳定增添更多不确定性。

六、亚太和南亚地区

亚太地区仍然是影响能源消费格局的重要区域。美国继续在亚太和南亚地区推进其地缘政治联盟。澳大利亚工党赢得大选，阿尔巴尼斯出任总理后澳大利亚应对气候变化问题的态度发生转变，在 2022 年 9 月 8 日通过在 2050 年实现净零排放的法律。2022 年日本举行了参议院选举，执政联盟保有稳定多数，目前日本政府的政见中包括重启日本核电站的选项，以应对能源价格上涨和降低温室气体排放。2022 年韩国选举产生了新总统，其所在政党也有发展核能的政策，但目前该政党在 2024 年国会选举前不占据多数，施政会受到限制。印度积极购买俄罗斯打折石油，但由于印度对以石油和化肥为代表的大宗商品的对外依存度高，受乌克兰危机影响较大。塔利班在阿富汗重新执政，但国家安全局势仍然严峻，为中亚和南亚的能源连接带来了极大的挑战。

第二节　重点海洋油气资源与运输通道国家风险点提示

部分关键国家和地区出现的高地缘政治风险，可能对世界能源生产格局和运输路径选择产生重大影响。本节使用自主开发的海外油气投资风险模型，对 12 个海洋油气资源潜力较为丰富或占据海洋油气重要运输通道的国家，从 6 个维度进行风险指数分析（表 7-1）。

2022 年，高风险国家主要集中于发展中国家和新兴市场国家。俄罗斯受乌克兰危机影响成为最大风险突变地区，开始进入高风险的动荡期。除了地缘政治和宏观经济风险之外，各海洋油气资源国家和运输通道国家的最大风险依然是腐败所带来的营商环境风险，同时，资源国选举等国内政治因素也往往带来较大的不确定性。

表 7-1　重点海洋油气资源国家与运输通道国家风险评估结果

地区	风险指数	主要风险特征
拉丁美洲		巴西：前总统卢拉在巴西大选中以微弱优势击败博索纳罗，但社会民意呈现分裂和对抗状态；卢拉上台后可能加重政府对经济的干预，同时给能源政策增加不确定性；外部经济增长衰退可能会影响未来巴西的出口甚至是整体经济
		阿根廷：费尔南德斯领导的执政联盟内部矛盾多发，对顺利施政产生不利影响；国民经济发展前景不容乐观，债务危机和资本外流导致严重的货币危机

续表

地区	风险指数	主要风险特征
拉丁美洲		委内瑞拉：经济有所恢复，食品和基本消费品供应有所增加；从 2022 年 3 月起，美国与委内瑞拉已开展直接对话，放松对委内瑞拉的制裁，但距离完全恢复石油出口为时尚早；国内政治和经济前景依然面临巨大不确定性，营商环境依旧不容乐观
西亚北非		利比亚：政治上依旧处于分裂状态，石油产业投入不足；国内安全形势高度不稳定，缺乏统一有效的安全维持机制，能源设施容易成为恐怖袭击和社会抗议的目标
		伊朗：国内骚乱虽较预期更快平息，但动摇了政府根基，国内冲突有升级可能；与美国、以色列发生军事冲突的风险存在；伊核协议已恢复谈判，但距离达成一致意见尚有很大距离
		也门：内战持续，无人机和战术导弹的使用提高了双方对有价值目标的攻击能力；也门内战的影响持续扩散，导致沙特阿拉伯和阿联酋的油气设施也频繁遭受攻击
撒哈拉以南非洲		尼日利亚：即将举行的总统大选很有可能再次导致南北方对立并引发冲突；恐怖主义是最大安全风险；疫情导致的经济衰退持续
		索马里：政府军与地方武装的大规模冲突概率因总统大选结果而降低，但各割据武装之间的冲突仍不断发生
		莫桑比克：政府债务负担沉重，外汇流动性缺乏，通货膨胀压力大；面临经济结构单一的风险，贫困问题没有得到缓解；运输通道和天然气基础设施容易受到叛乱者袭击，影响投资者信心

地区	风险指数	主要风险特征
亚太地区		巴布亚新几内亚：疫情持续导致社会治安恶化，部族武装间摩擦较多，有较高的国内冲突风险；新当选总理来自超过20个党派的执政联盟，政府不稳定性较大
		缅甸：继续受到国际社会孤立和制裁，经济发展面临困境，面临货币贬值和通货膨胀压力；各地方部族武装与军政府矛盾加深，内部冲突风险较高；缅甸大量难民持续涌入周边国家，国内不稳定因素或逐渐蔓延至整个东南亚地区
欧亚地区		俄罗斯：受到西方国家前所未有的政治孤立和经济制裁，金融和能源部门是制裁的重点领域，经济发展前景堪忧；西方石油公司退出在俄业务，未来俄能源行业面临市场、资金和技术上的重组，挑战极大

数据来源：S&P Global、ICRG、CNOOC EEI。

（本章撰写人：王晓光　梁　栋　审定人：鲍春莉　王　恺）

海洋能源

第八章　海洋油气

第一节　全球海洋油气回顾与展望

一、2022 年世界海洋油气产业回顾

1. 全球海洋油气勘探活动持续回暖

海洋油气勘探钻井工作量持续增加。2022 年，全球海洋油气勘探投资约 253 亿美元，占全球勘探总投资的 44%（图 8-1），但仍处于低位。全球海上钻井工作量继续增加，预计全年钻井总量为 579 口（初探井 482 口、评价井 97 口），同比增长 16.3%，集中分布在中国海域、墨西哥湾、英国 – 挪威北海以及圭亚那海域。从区域看，海上钻井 55.9% 集中在亚洲地区，18.9% 分布在美洲地区。从水深看，浅水勘探仍居首位，0 ~ 300 米水深的井数占总数的 71.4%，301 ~ 500 米水深的占 5.4%，501 ~ 1500 米水深的占 10.4%，1501 ~ 3000 米水深的占 11.7%，大于 3000 米水深的占 1.1%（图 8-2）。

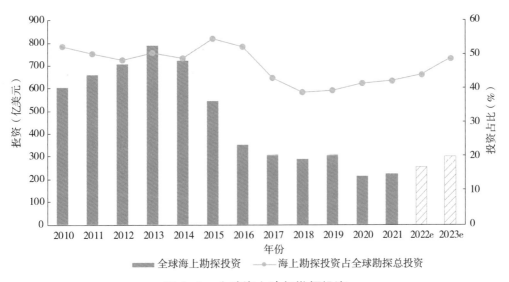

图 8-1　全球海上油气勘探投资
数据来源：Rystad Energy

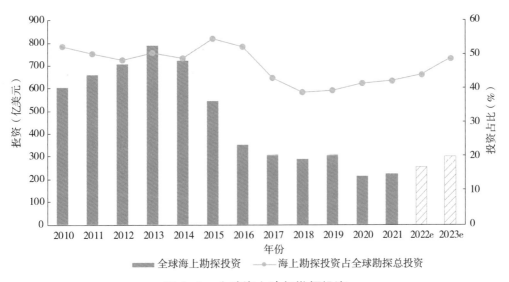（图例）■ 全球海上勘探投资　—●— 海上勘探投资占全球勘探总投资

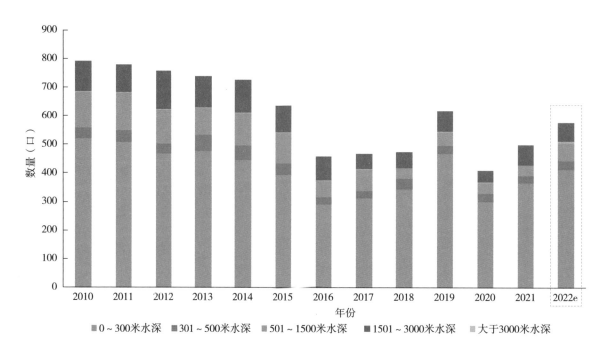

图 8-2　全球海洋油气勘探井数
数据来源：Rystad Energy

海上油气勘探发现有所增加。截至 2022 年 10 月 31 日，全球海上勘探共有 50 个新发现，新增探明可采储量约 63.8 亿桶油当量，占全球新增探明可采储量（不含陆上非常规油气）的 80%（图 8-3）。其中，石油新增探明可采储量 47.7 亿桶，占 74.8%；天然气新增探明可采储量 16.1 亿桶油当量，占 25.2%。分水深看，0 ~ 300 米水深新发现占 17.2%，301 ~ 500 米水深新发现占 11.1%，501 ~ 1500 米水深新发现占 23.6%，1501 ~ 3000 米水深占 47.3%，大于 3000 米水深占 0.8%。分区域看，美洲、非洲、亚洲、欧洲、中东地区新发现分别约为 27.9 亿桶、19.5 亿桶、6.1 亿桶、4.8 亿桶、5.5 亿桶。分国家看，纳米比亚、圭亚那和巴西位列海上油气勘探新发现前三位。

海上油气勘探取得成效。截至 2022 年 10 月 31 日，发现大型油气田（新增探明可采储量大于 5 亿桶油当量）2 个；发现中型油气田（新增探明可采储量 1 亿 ~ 5 亿桶油当量）21 个，其中储量大于 2 亿桶的油气田 9 个（表 8-1）。

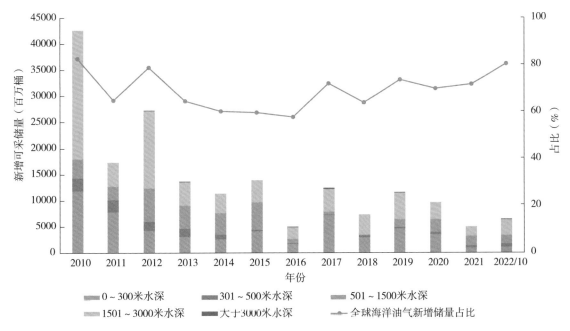

图 8-3　全球海上油气新增探明可采储量
数据来源：Rystad Energy

表 8-1　2022 年全球储量大于 2 亿桶油当量的油气田发现

勘探发现	位置	资源类型	作业者	储量估计（百万桶油当量）
Venus Phase 2, NA	纳米比亚	油田	道达尔能源	947
Venus Phase 1, NA	纳米比亚	油田	道达尔能源	507
Graff, NA	纳米比亚	油田	壳牌	348
Lau Lau, GY	圭亚那	油田	埃克森美孚	338
Sailfin, GY	圭亚那	油田	埃克森美孚	334
Abu Dhabi's Offshore Block 2 (XF-002), AE	阿布扎比	气田	埃尼	331
Pedunculo (4-BRSA-1386D-RJS), BR	巴西	油田	巴西国家石油公司	329
Cronos, CY	塞浦路斯	气田	埃尼	270
Barreleye, GY	圭亚那	油田	埃克森美孚	246

数据来源：Rystad Energy。

2. 全球海洋油气开发持续加大

海洋油气新建投产项目单位开发投资大幅增加。2022 年，预计全球海洋油气新建投产项目开发投资为 688.44 亿美元，同比增长 38.7%，占油气新建投产项目开发投资的 67.6%，同比上升 7.2 个百分点；海洋油气新建投产项目 78 个，同比下降 4.9%，占油气新建投产项目的 41.3%，同比下降 8.7 个百分点（图 8-4）；海洋油气新建投产项目单位开发投资 8.83 亿

美元 / 个，同比增长 46.0%。虽然全球海洋油气新建投产项目数量减少，但是项目单位开发投资大幅提高，投资规模超过 10 亿美元的项目有 14 个，包括莫桑比克 Coral South 项目、美国 Argo 项目、挪威 Johan Sverdrup 项目、圭亚那 Liza 项目等，而 2021 年超过 10 亿美元的项目只有 9 个。

从水深看，全球海洋油气新建投产项目以小于 500 米水深的为主：0 ~ 300 米水深的项目 53 个，占比 68.0%；301 ~ 500 米水深的项目 6 个，占比 7.7%；501 ~ 1500 米水深的项目 10 个，占比 12.8%；1501 ~ 3000 米水深的项目 9 个，占比 11.5%；没有 3000 米水深以上的项目（图 8-5）。

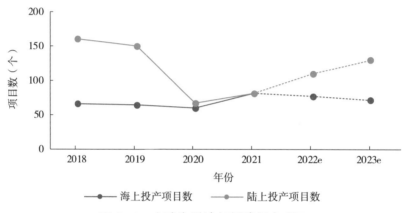

图 8-4　全球海洋油气新建投产项目
数据来源：Rystad Energy

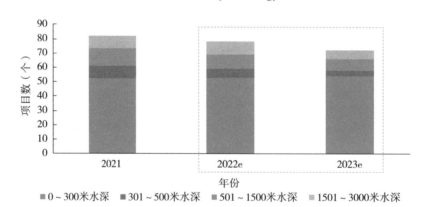

图 8-5　全球海洋油气新建投产项目（分水深）
数据来源：Rystad Energy

从区域看，海洋油气新建投产项目主要分布在亚太地区、欧洲、北美洲和南美洲，分别占比 39.7%、19.2%、16.7%、10.3%；从国家看，中国、美国、挪威是海洋油气新建投产项目数量居于前三名的国家，分别投产项目 12 个、8 个、7 个。从公司看，海洋油气新建投产项目的主要投资者为亚洲的国家石油公司以及国际石油公司，按照投产项目数量由多到少排序，分别为中国海油（CNOOC）、挪威国家石油公司（Equinor）、壳牌（Shell）、马来西亚国家石油公司（Petronas）、美国 LLOG 油气勘探公司（表 8-2）。

表 8-2　2022 年全球海洋油气主要新建投产项目

项目名称	国家	运营商	水深（米）	储量（百万桶油当量）	装备类型
Argos	美国	bp	1500～2250	300～1000	半潜式平台
Greater Liza (Liza)	圭亚那	ExxonMobil	1500～2250	300～1000	FPSO
Mero (Libra NW)	巴西	Petrobras	1500～2250	300～1000	FPSO
Area 1	墨西哥	Eni	25～50	30～300	FPSO 及固定式平台
Gorgon LNG T1–T3	澳大利亚	Chevron	1000～1500	300～1000	水下生产系统
Peregrino	巴西	Equinor	100～125	30～300	钢质平台
Johan Sverdrup	挪威	Equinor	100～125	300～1000	钢质平台
Njord	挪威	Equinor	300～450	30～300	半潜式平台
Ikike	尼日利亚	Total	0～25	30～300	钢质平台
Gumusut–Kakap Deepwater Development	马来西亚	Shell	1000～1500	30～300	水下生产系统
Penguines (redevelop)	英国	Shell	150～175	30～300	FPSO

注：本表不含中国项目的数据，中国数据见表 8-6；FPSO 为海上浮式生产储油装置。
数据来源：Rystad Energy、CNOOC EEI。

海洋油气投产项目生产期年均支出增长近 50%。2022 年，全球海洋油气新建投产项目生产期支出 41.21 亿美元（图 8-6），同比增长 49.5%。从地域看，项目生产期年均支出中，南美洲占比 32.0%，北美洲 23.8%，亚洲 16.4%，欧洲 14.0%，非洲 5.2%，大洋洲 4.4%，中东 4.2%；增长主要来自：南美洲同比增长 9.25 亿美元、涨幅 236.0%，北美洲同比增长 6.29 亿美元、涨幅 178.7%，大洋洲同比增长 1.6 亿美元、涨幅 761.9%，非洲同比增长 1.08 亿美元、涨幅 100.0%；而欧洲、中东、亚洲则出现不同程度的下降，同比降幅分别为 30.5%、29.4%、16.3%。从国家看，项目生产期年均支出从高到低分别为：巴西、美国、挪威、卡塔尔、沙特阿拉伯、中国、墨西哥、澳大利亚、英国和圭亚那。从水深看，项目生产期年均支出 0～300 米、301～500 米、501～1500 米、1501～3000 米水深占比分别为 44.6%、2.8%、11.3%、41.3%；其中，深水项目（水深大于 500 米）生产期年均支出比浅水项目（水深小于等于 500 米）占比高 5.3 个百分点，但水深 0～300 米的项目比重同比上升 5 个百分点，而水深 501～1500 米、1501～3000 米的项目比重同比分别下降 2.8 个百分点、1.4 个百分点。

91

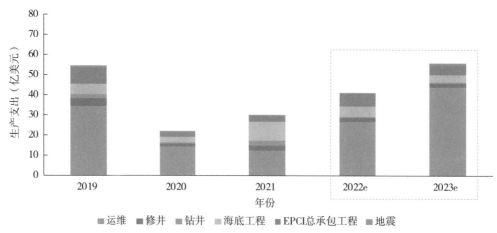

图 8-6　全球海洋油气投产项目生产期年均支出
数据来源：Rystad Energy

3. 全球海洋油气产量均有增长

海洋石油产量略有增长。2022 年，预计全球海洋石油产量 27.1 百万桶 / 天，同比上升 0.9%，但仍低于疫情前水平。从水深看，0 ～ 300 米、301 ～ 500 米、501 ～ 1500 米、1501 ～ 3000 米水深的石油产量分别为 19.24 百万桶 / 天、0.97 百万桶 / 天、2.86 百万桶 / 天、4.03 百万桶 / 天，占比分别为 71.0%、3.6%、10.5%、14.9%；与 2021 年相比，0 ～ 300 米水深产量基本持平，301 ～ 500 米、501 ～ 1500 米水深产量有所减少，只有 1501 ～ 3000 米水深产量有所增加（图 8-7）。

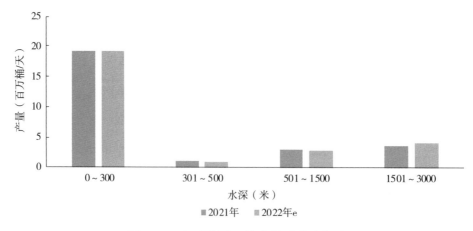

图 8-7　全球海洋石油产量（分水深）
数据来源：CNOOC EEI、Rystad Energy

中东地区仍为全球海洋石油主产区。中东地区海洋石油产量占全球海洋石油产量的 34.4%，比上一年提高约 1.5 个百分点；亚洲、北美洲、南美洲及非洲产量相当，占比为

12% ～ 13%；欧洲产量占比约 10.7%；俄罗斯、大洋洲贡献较小，各占比 1.5% 左右（图 8-8）。与 2021 年相比，只有中东、南美洲的石油产量增长，分别增产 0.48 百万桶 / 天、0.29 百万桶 / 天，涨幅分别为 5.4%、9.3%。其他地区石油产量均有下降，产量降幅最大的区域是俄罗斯，减产 0.14 百万桶 / 天，降幅 24.6%。从国家看，全球海洋石油产量排名前三的国家分别是沙特阿拉伯、巴西、阿联酋。

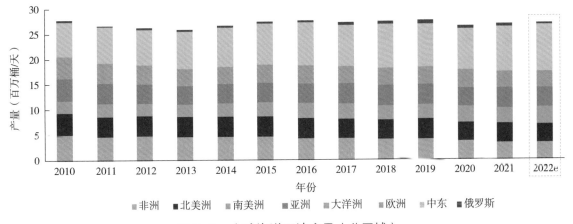

图 8-8　全球海洋石油产量（分区域）
数据来源：CNOOC EEI、Rystad Energy

海洋天然气产量小幅增长。2022 年，全球海洋天然气产量 1.16 万亿立方米，较上一年增长 59 亿立方米，同比增长 0.5%。0 ～ 300 米、301 ～ 500 米、501 ～ 1500 米、1501 ～ 3000 米水深项目的天然气产量分别为 9049 亿立方米、889 亿立方米、1182 亿立方米、443 亿立方米，占比分别为 78.3%、7.7%、10.2%、3.8%；与 2021 年相比，0 ～ 300 米水深项目产量有所减少，301 ～ 500 米、501 ～ 1500 米、1501 ～ 3000 米水深项目产量均小幅增加（图 8-9）。

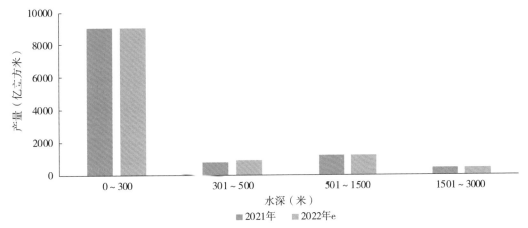

图 8-9　全球海洋天然气产量（分水深）
数据来源：CNOOC EEI、Rystad Energy

欧洲是全球海洋天然气产量增长最快的区域。欧洲、中东产量分别增加 105 亿立方米、37 亿立方米，同比增长分别为 6.2%、0.8%；亚太、非洲、南美洲、北美洲产量均有所减少，分别减少 33 亿立方米、27 亿立方米、18 亿立方米、6 亿立方米（图 8-10）。

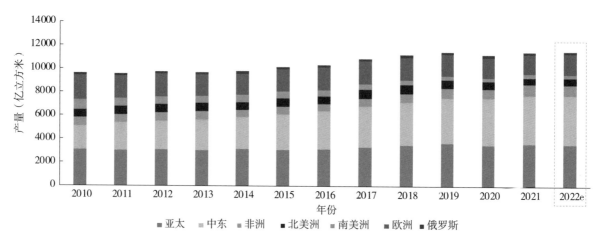

图 8-10　全球海洋天然气产量（分区域）
数据来源：CNOOC EEI、Rystad Energy

4. 全球海洋油气勘探开发投资大幅增长

海洋油气勘探开发投资增长明显提速。2022 年，全球海洋油气勘探开发投资约 1672.8 亿美元，同比增长 21.3%，占油气总投资的 33.2%（图 8-11）。全球海洋油气投资自 2014 年达峰（3295 亿美元，占油气总投资的 37%）后一路下行，至今尚未走出低谷，但预计 2022 年投资额将超过疫情前水平，增幅 4.9%。

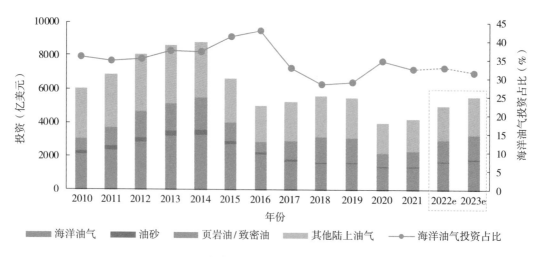

图 8-11　全球油气勘探开发投资（分资源类型）
数据来源：Rystad Energy

海洋油气深水与超深水投资显著增加。2022 年，预计 0 ～ 300 米、301 ～ 500 米、501 ～ 1500 米、1501 ～ 3000 米、3000 米以上水深海洋油气投资比重分别为 56.7%、5.8%、15.5%、21.5%、0.4%（图 8-12）。与 2021 年相比，不同水深海洋油气投资均有所增加，深水、超深水投资显著增长；其中，501 ～ 1500 米（深水）、1501 ～ 3000 米水深（超深水）、3000 米以上水深（超深水）的投资增幅分别为 35.4%、31.4%、600%；0 ～ 300 米、301 ～ 500 米水深的投资增幅则相对较小，分别为 15.9% 和 3.2%。

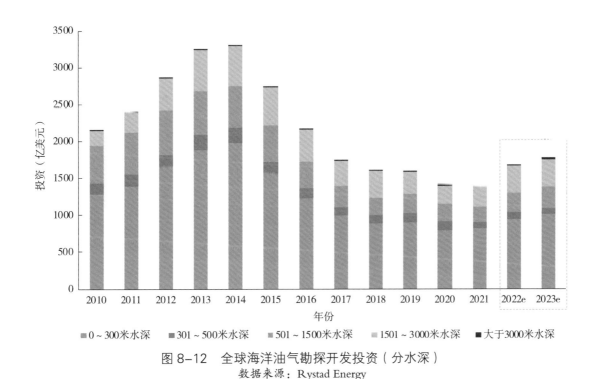

图 8-12　全球海洋油气勘探开发投资（分水深）
数据来源：Rystad Energy

海洋油气投资区域差异明显。2022 年，全球海洋油气投资最高的区域是亚洲和中东，占全球油气总投资的比重分别为 19.1%、17.9%；其次是欧洲、北美洲、南美洲和非洲，投资占比分别为 16.2%、16.1%、14.2% 和 11.9%；大洋洲和俄罗斯投资较少，分别占比 3.7%、0.9%（图 8-13）。与 2021 年相比，除俄罗斯海洋油气投资大幅下降（降幅 21.1%）外，其他地区海洋油气投资均有所增长，增长最快的是中东、大洋洲和非洲，分别增长 53.3%、43.4%、41.5%；其次为南美洲和北美洲，分别增长 24.1%、19.7%；亚洲和欧洲增速较慢，分别增长 4.9%、4.4%。

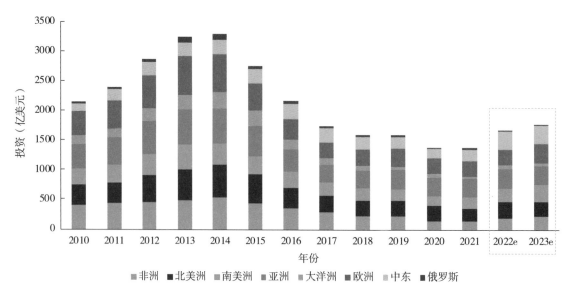

图 8-13　全球海洋油气勘探开发投资（分区域）
数据来源：Rystad Energy

　　全球海洋油气投资结构保持稳定。工程费用占比最大，一般是总投资的一半。2022 年，全球海洋油气投资中，工程设施投资占比 53.7%；油气井投资占比 31.2%；勘探投资占比 15.1%（图 8-14）。

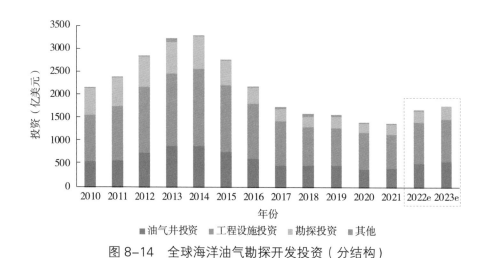

图 8-14　全球海洋油气勘探开发投资（分结构）
数据来源：Rystad Energy

5. 全球海洋油气成本维持低水平

　　海洋油气发现成本大幅下降。截至 2022 年 10 月 31 日，随着全球海洋油气勘探发现资源量的增加，全球海洋油气发现成本比上一年下降 41.4%，约为 2.49 美元/桶油当量（图 8-15），比同期陆上油气发现成本低 90.5%，处于历史较低水平。俄罗斯、印度尼西亚等陆上油气区块勘探投入多但发现储量少是陆上油气发现成本高企的主要原因。

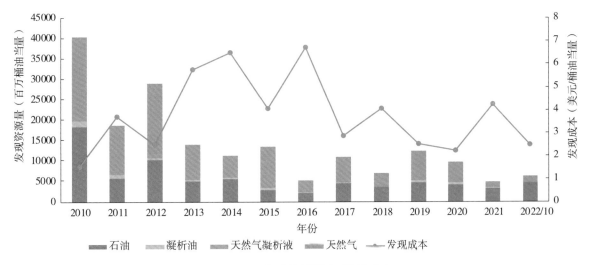

图 8-15　全球海洋油气发现成本
数据来源：Rystad Energy

超深水海洋油气发现成本下降较快。截至 2022 年 10 月 31 日，全球 0 ~ 300 米、301 ~ 500 米、501 ~ 1500 米、1501 ~ 3000 米水深海洋油气发现成本分别为 5.39 美元 / 桶油当量、1.46 美元 / 桶油当量、2.36 美元 / 桶油当量、2.35 美元 / 桶油当量（图 8-16），与上一年同期相比变化率分别为 39.7%、-46.7%、0.4%、-24.4%。深水和超水深领域的海洋油气发现成本不到 0 ~ 300 米水深的一半，主要由于新发现储量主要集中在巴西、圭亚那，而浅水大型油气田发现少。

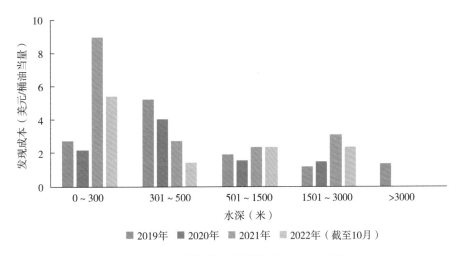

图 8-16　全球海洋油气发现成本（分水深）
数据来源：Rystad Energy

海洋油气发现成本区域差异明显。截至 2022 年 10 月 31 日，北美洲海洋油气发现成本激增且全球最高，达到 19.38 美元 / 桶油当量，增幅为 154.0%，这是发现储量低所致；亚洲发现成本也增加 20.0%，达到 6.06 美元 / 桶油当量。其他各区域勘探成本均有不同程度的下降，中东发现成本是全球最低，只有 0.79 美元 / 桶油当量，降幅也最大，达到 86.6%；非洲、南美洲的发现成本也很低，分别为 1.01 美元 / 桶油当量和 1.07 美元 / 桶油当量，降幅分别为 45.4%、55.6%；欧洲、大洋洲的发现成本仍然较高，分别为 5.13 美元 / 桶油当量、5.15 美元 / 桶油当量，降幅 13.2%、49.3%（图 8-17）。

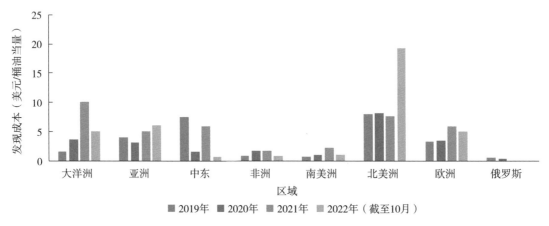

图 8-17　全球海洋油气发现成本（分区域）
数据来源：Rystad Energy

海洋油气获批项目单位开发成本持续大幅下降。2022 年，由于占全球海洋油气开发投资一半以上的 0 ～ 300 米水深浅水项目开发成本降低，并且相对于陆上项目海洋油气获批项目单位规模较大，全球海洋油气获批项目单位开发成本同比下降 27.9%，约为 2.74 美元 / 桶油当量，比陆上项目低 30.5%。0 ～ 300 米、301 ～ 500 米、501 ～ 1500 米、1501 ～ 3000 米水深的海洋油气获批项目单位开发成本分别为 1.97 美元 / 桶油当量、10.64 美元 / 桶油当量、13.66 美元 / 桶油当量、7.46 美元 / 桶油当量（图 8-18），同比变化率分别为 -7.9%、150.6%、19.9%、-14.6%。受水深、油气资源赋存状态、环境要求、用工成本、通胀水平等因素影响，欧洲、亚洲的海洋油气获批项目单位开发成本较高，北美洲、南美洲、大洋洲居中，中东地区最低（图 8-19）。其中，亚洲成本同比增加 85.0%，主要是由于部分规模较大的项目单位开发成本较高进而推高区域整体水平。

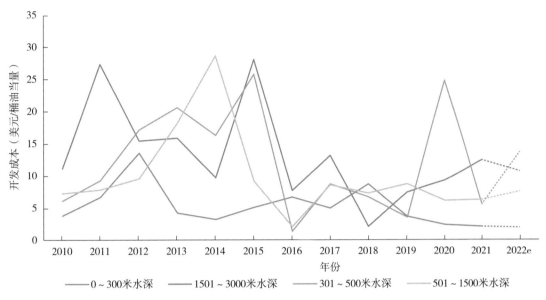

图 8-18 全球海洋油气获批项目单位开发成本（分水深）

数据来源：Rystad Energy

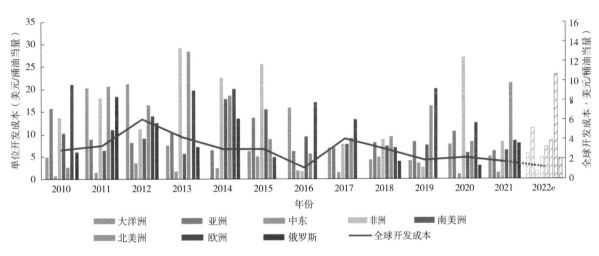

图 8-19 全球海洋油气获批项目单位开发成本（分区域）

数据来源：Rystad Energy

海洋油气单井开发成本维持低位。截至 2022 年 10 月 31 日，当年获批项目全生命周期开发井 704 口，单井平均开发成本为 23.03 百万美元，比 2021 年下降 6.9%；平均进尺深度为 4136 米，比 2021 年增加 16.0%，单位进尺深度成本为 5570 美元 / 米，比 2021 年下降19.7%。

海洋油气在产项目操作成本增加。截至 2022 年 10 月 31 日，受高通胀影响，全球海洋油气在产项目操作成本约 9.86 美元 / 桶油当量，比 2021 年上升 13.9%，比同期陆上常规油气在产项目操作成本高出 11.2%。

南美洲的海洋油气在产项目操作成本上升最快。南美洲、北美洲项目操作成本最高，约为 17 美元 / 桶油当量；非洲、欧洲、亚洲、俄罗斯项目操作成本为 10 ～ 11 美元 / 桶油当量；大洋洲项目操作成本约为 7 美元 / 桶油当量；中东地区项目操作成本最低，为 5 ～ 6 美元 / 桶油当量（图 8-20）。相比 2021 年，亚洲、非洲、大洋洲、北美洲、中东、俄罗斯项目操作成本普遍上升 14% ～ 15%，南美洲增速最大（27%），欧洲增速最慢（2.7%）。

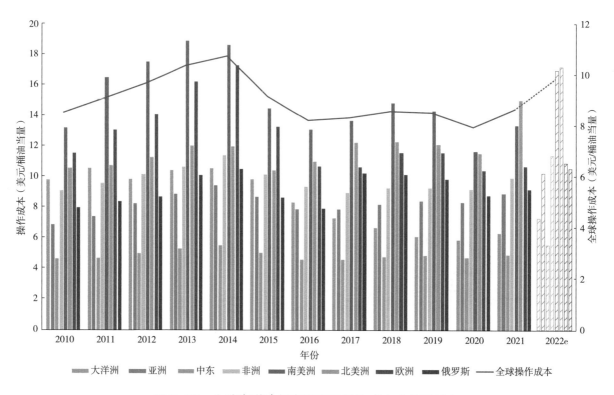

图 8-20　全球海洋油气在产项目操作成本（分区域）
数据来源：Rystad Energy

超深水项目操作成本显著增长。截至 2022 年 10 月 31 日，0 ～ 300 米、301 ～ 500 米、501 ～ 1500 米、1501 ～ 3000 米水深项目的操作成本分别为 9.03 美元 / 桶油当量、9.17 美元 / 桶油当量、11.13 美元 / 桶油当量、14.84 美元 / 桶油当量（图 8-21），分别同比上升 11.2%、3.4%、12.5%、30.2%。

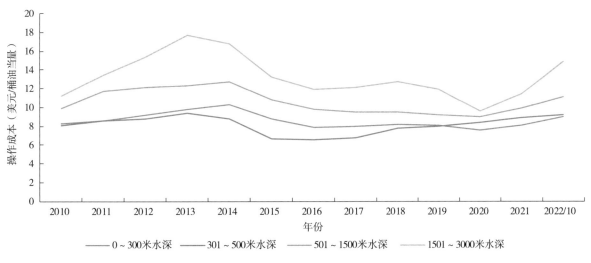

图 8-21　全球海洋油气在产项目操作成本（分水深）
数据来源：Rystad Energy

6. 海洋油气勘探区块招投标缓慢复苏

全球海洋油气勘探招投标活跃度不高。2022年，预计全球油气勘探区块招投标开展48轮，其中32轮已结束、7轮在评标、6轮在招标、1轮部分授标、2轮计划招标（图 8-22），招投标活动主要集中在亚洲和非洲。截至2022年10月31日，全球海洋油气勘探已授权区块

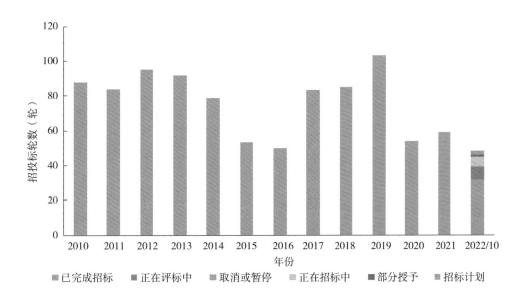

图 8-22　2022 年全球油气勘探招投标轮数
数据来源：Rystad Energy

110个（图8-23），占全球油气勘探已授权区块的43.0%；面积224982.6平方千米（图8-24），占全球油气勘探已授权区块的62.5%。已授权区块主要分布在欧洲，占全球海洋油气已授权勘探区块数量的49.1%，其次分别是亚洲占20.0%、非洲占11.8%和南美洲占11.8%（表8-3）。中标公司以国际石油公司和国家石油公司为主。正在进行评标的海洋油气区块115个，主要分布在澳大利亚、中国、马来西亚、乌干达等国家；正在招标中的区块1113个，主要分布在澳大利亚、中国、加拿大、英国等国家；计划在年内开展海洋油气区块招投标的还有巴西、几内亚、印度等国家。

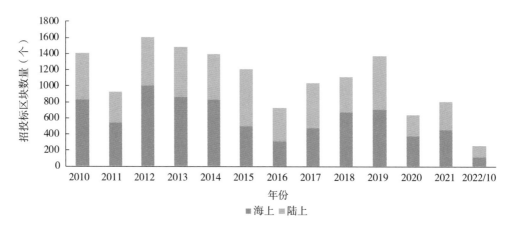

图 8-23　全球油气勘探招投标授权区块
数据来源：Rystad Energy

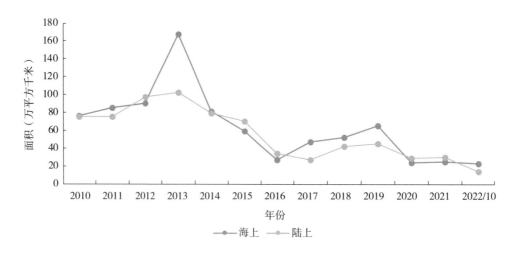

图 8-24　全球油气勘探招投标授权面积
数据来源：Rystad Energy

表 8-3 2022 年主要海洋油气勘探招投标情况

国家	招标名称	招标时间	中标时间	区块数量	地点	面积（平方千米）	中标情况
挪威	Awards in Predefined Areas(APA) 2021 Licensing Round	2021 年 6 月	2022 年 1 月	53	北海（28 区块），挪威海（20），巴伦支海（5）	14000	28 个公司中标，其中 Equinor 参与 26 块，Aker BP 参与 15 块，Lundin Energy 和 Vaar Energi 各参与 10 块
埃及	2021 International Bidding Round (EGPC & EGAS)	2021 年 2 月	2022 年 1 月	3	地中海、红海	—	Eni 等公司中标
澳大利亚	2020 Offshore Petroleum Exploration Acreage Release	2020 年 8 月	2022 年 2 月	3	西北大陆架和巴斯海峡	9032	Melbana、bp 以及 3D Oil 中标
摩洛哥	2022 Open Door Round	2022 年 2 月	2022 年 2 月	1	里夫前盆地（Prerif Basin）	8489	Chariot Oil & Gas（75%，作业者）和 ONHYM（25%）联合中标
中国	2022 Open Door Round	2022 年 2 月	2022 年 2 月	1	中国南海北部湾 22/05 区块	—	Sino Geophysical 中标
巴西	3rd Permanent Offer Round	2022 年 2 月	2022 年 4 月	8	大西洋桑托斯盆地（Santos Basin）	—	壳牌（70%，作业者）和 Ecopetrol（30%）联合中标 6 个区块，道达尔中标 2 个区块
东帝汶	2nd Licensing Round	2020 年 6 月	2022 年 4 月	2	波拿巴盆地（Bonaparte Basin）P 区块和 R 区块	—	埃尼和 Santos 分别中标 P 区块和 R 区块
苏里南	Shallow Offshore Bid Round 2020/2021	2020 年 11 月	2022 年 4 月	1	圭亚那盆地区块 7（Block 7）	1867	雪佛龙（80%，作业者）和苏里南国家石油公司（Staatsolie）（20%）联合中标
澳大利亚	2020 Offshore Petroleum Exploration Acreage Release	2020 年 8 月	2021 年 4 月	1	吉普斯兰盆地（Gippsland Basin）VIC/P80 区块	—	Cooper Energy 中标
印度	OALP VI	2021 年 8 月	2022 年 5 月	6	安达曼－尼科巴盆地（Andaman-Nicobar Basin）和康贝盆地的（Cambay Basin）	—	全部为印度本土企业中标，其中，印度石油天然气总公司(ONGC)中标 3 个区块，Sun Petrochemicals 中标 1 个区块

国家	招标名称	招标时间	中标时间	区块数量	地点	面积（平方千米）	中标情况
安哥拉	2021 Limited Public Tender	2021 年 12 月	2022 年 5 月	2	刚果扇超深盆地（Congo Fan Ultradeep Basin）区块 16（Block 16）和区块 31（Block 31）	10556	道达尔中标区块 16，埃尼中标区块 31
乌拉圭	2020 Open Door	—	2022 年 5 月	1	埃斯特角盆地（Punta Del Este Basin）的 AREA OFF-1 区块	—	Challenge Energy Group 中标
乌拉圭	2022 Open Uruguay Round	2022 年 5 月	2022 年 6 月	3	埃斯特角盆地（Punta Del Este Basin）的浅水区块 Block OFF-2 以及深水区块 Block OFF-7、Block OFF-6	—	壳牌中标 Block OFF-2 及 Block OFF-7，APA 中标 Block OFF-6
印度尼西亚	2021 2nd Direct Proposal Round	2022 年 1 月	2022 年 6 月	3	东北爪哇海南苏门答腊盆地 Agung Ⅰ、Agung Ⅱ、North Ketapang 区块	17747	bp 中标 Agung Ⅰ 和 Agung Ⅱ 区块，马来西亚国家石油公司（Petronas）中标 North Ketapang 区块
埃及	2021 Limited Bid Round	2021 年 11 月	2022 年 6 月	1	尼罗河三角洲盆地 King Mariut 海上区块	2600	bp 中标
哈萨克斯坦	4th Oil and Gas Auction Round	2022 年 7 月	2022 年 7 月	1	里海 Coastal 区块	—	本土企业中标
印度	OALP VII Bid Round	2021 年 12 月	2022 年 6 月	3	考维利盆地（Cauvery Basin）的 1 个深水区块和康贝盆地（Cambay Basin）的 2 个浅水区块	—	印度石油天然气总公司（ONGC）中标 1 个深水区块，印度石油公司（Oil India）中标 2 个浅水区块
塞舌尔	2022 Open Door Round	—	2022 年 9 月	2	浅水区块 Beau Vallon 和 Junon	9700	Adamantine Energy Seychelles 公司中标
印度尼西亚	2022 1st Licensing Round (Direct Proposal)	2022 年 7 月	2022 年 10 月	1	爪哇海 Bawean 区块	2756	PT Bumi Pratiwi Hulu Energi 公司中标

数据来源：Rystad Energy、CNOOC EEI。

7. 全球海洋油气并购交易稳步复苏

全球海洋油气并购交易规模逆势上涨。2022 年，全球油气并购规模比上一年同期下降 14%，但海洋油气并购规模逆势上涨。截至 2022 年 10 月 31 日，海洋油气并购交易规模 224 亿桶油当量，较上一年同期增长 130%，占全球油气并购规模比重连续两年提升，由 2020 年的 15% 上升至 2022 年的 41%，创近年新高。

全球海洋油气并购交易仍以 0 ~ 300 米水深为主。截至 2022 年 10 月 31 日，海洋油气并购中不同水深规模占比略有改变，但仍以 0 ~ 300 米水深为主，并购规模为 178 亿桶油当量，较上一年同期增长 258%，占比由上一年的 50% 提升至 80%；301 ~ 500 米水深、501 ~ 1500 米水深的海洋油气并购规模分别为 7 亿桶油当量、26 亿桶油当量，较上一年同期分别增长 45%、17%，占比分别为 3%、11%；1500 米以上水深并购规模 13 亿桶油当量，较上一年同期减少 37%，占比 6%，远低于上一年 29% 的比重（图 8-25）。

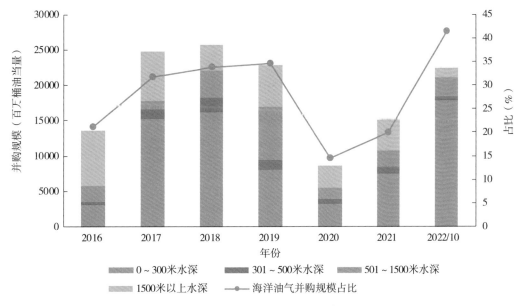

图 8-25　2016—2022 年全球海洋油气并购规模

数据来源：Rystad Energy、CNOOC EEI

中东成为全球海洋油气并购交易最活跃的区域。从并购交易区域来看，中东是 2016 年至今海洋油气并购交易较为活跃的地区；在全球海洋油气并购规模较多的 2018 年，中东地区比重高达 39%；2022 年，中东地区在历经两年交易平淡期后再度成为全球海洋油气并购交易热点，并购规模达到 132 亿桶油当量（图 8-26），占比 59%，创近年新高（截至 2022 年 10 月 31 日）；俄罗斯交易规模位列第二位，占比仅 11.3%，远低于中东地区。

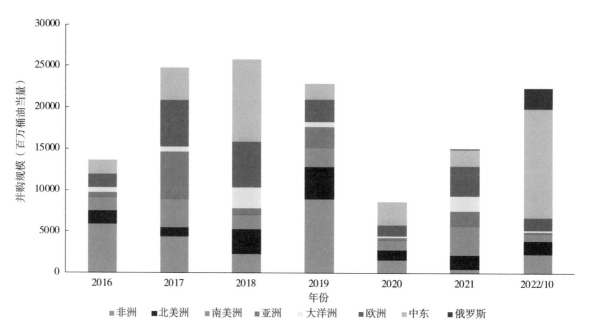

图 8-26　2016—2022 年全球海洋油气并购规模（分区域）
数据来源：Rystad Energy、CNOOC EEI

截至 2022 年 10 月 31 日，0 ~ 300 米、301 ~ 500 米、501 ~ 1500 米、1500 米以上水深并购相对集中的区域（图 8-27）分别为中东、欧洲、北美洲、非洲，并购规模分别为 131 亿桶油当量（占比 74%）、4 亿桶油当量（占比 66%）、11 亿桶油当量（占比 44%）、5 亿桶油当量（占比 37%）。

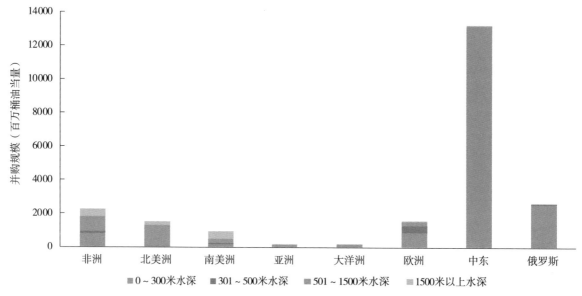

图 8-27　2022 年全球海洋油气并购情况（分区域、分水深）
数据来源：Rystad Energy、CNOOC EEI

截至 2022 年 10 月 31 日，卡塔尔发生 131 亿桶油当量的海洋油气并购，交易规模显著高于其他国家，占全球海洋油气交易规模总量的 59%；安哥拉、美国、挪威、巴西、英国、尼日利亚的海洋油气并购交易规模分别为 25 亿桶油当量、16 亿桶油当量、12 亿桶油当量、10 亿桶油当量、7 亿桶油当量、5 亿桶油当量，分别位列第二至七位（图 8-28）：以上 7 个国家的海洋油气并购交易规模合计占全球海洋油气并购规模总量的 92%。

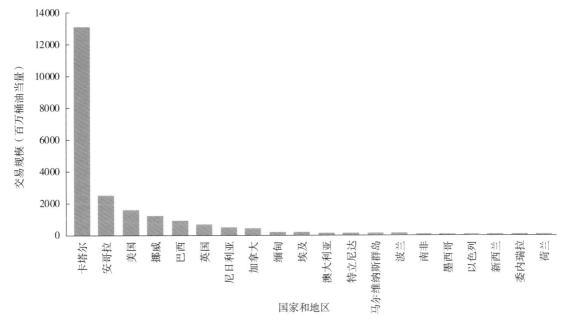

图 8-28　2022 年全球海洋油气并购情况（分主要国家和地区）
数据来源：Rystad Energy

全球海洋油气并购交易金额及数量同期回升。全球海洋油气并购交易在 2018 年以 804 亿美元创下交易金额峰值后连续两年下跌，特别是 2020 年受全球疫情影响并购交易金额仅为 2018 年的 27%。截至 2022 年 10 月 31 日，全球海洋油气共发生 245 宗并购交易（部分并购既含油也含气），比上一年同期增长 16%；并购交易金额 447 亿美元，比上一年同期增长 45%；平均单宗并购交易金额 1.82 亿美元，比上一年同期增长 25%（图 8-29）。

全球海洋油气并购单宗交易金额油高于气。分油气项目来看，全球海洋石油项目的并购金额及数量均显著高于海洋天然气项目，占海洋油气并购金额的 61%。截至 2022 年 10 月 31 日，共发生 185 宗海洋石油项目并购交易（图 8-30）和 141 宗海洋天然气项目并购交易（图 8-31），交易金额分别为 273 亿美元和 174 亿美元；单宗海洋石油项目并购交易金额 1.48 亿美元，比上一年同期上涨 54%；单宗海洋天然气项目并购交易金额 1.23 亿美元，比上一年同期下降 21%。

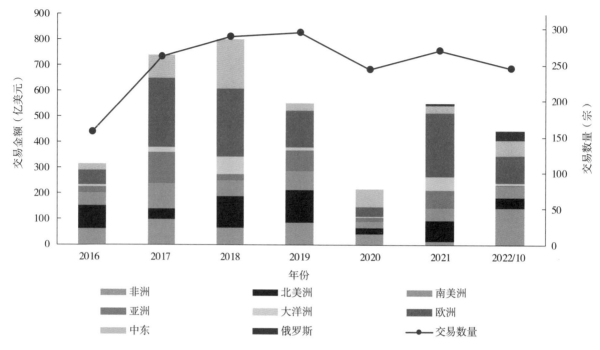

图 8-29　2016—2022 年全球海洋油气并购金额及数量
数据来源：Rystad Energy、CNOOC EEI

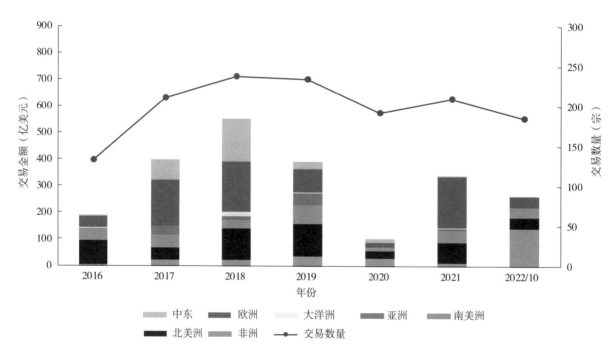

图 8-30　2016—2022 年全球海洋石油项目并购情况
数据来源：Rystad Energy、CNOOC EEI

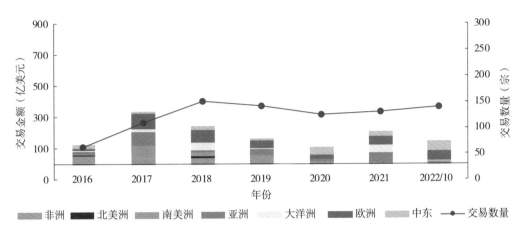

图 8-31　2016—2022 年全球海洋天然气项目并购情况
数据来源：Rystad Energy、CNOOC EEI

全球海洋油气并购交易成本区域差异扩大。截至 2022 年 10 月 31 日，全球海洋油气平均并购成本 2.00 美元 / 桶，交易成本较高的主要是欧洲（6.76 美元 / 桶）、非洲（6.39 美元 / 桶）、大洋洲（4.98 美元 / 桶）、南美洲（4.62 美元 / 桶）；交易成本较低的主要是中东（0.45 美元 / 桶）、俄罗斯（1.54 美元 / 桶）、亚洲（2.50 美元 / 桶）、北美洲（2.61 美元 / 桶）；成本最高地区与最低地区差值由上一年同期的 3.89 美元 / 桶扩大至 6.31 美元 / 桶。海洋石油项目平均并购成本 5.00 美元 / 桶，显著高于海洋天然气项目 1.03 美元 / 桶的平均并购成本（图 8-32）。

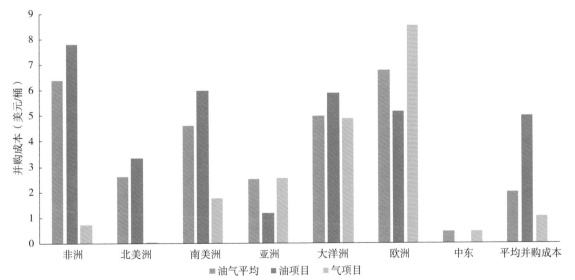

图 8-32　全球海洋油气并购交易成本（截至 2022 年 10 月 31 日）
数据来源：Rystad Energy

国际石油巨头通过并购交易寻求能源转型机遇。截至 2022 年 10 月 31 日，全球海洋油气并购交易金额前 20 位的并购项目中，bp 与埃尼成立的合资公司 Azule Energy（阿苏勒能源）

是交易金额最大的项目，bp、埃尼各持有新公司股份的 50%（表 8-4）。这是国际石油巨头合资运营模式的一次创新，同时运营两家传统石油公司在安哥拉的油气和新能源业务，既可以发挥油气全产业链协同效应，又有利于油气与可再生能源的融合发展。根据协议，阿苏勒能源将持有 16 个区块许可证，包括 bp 在安哥拉海上拥有作业权的 18 区和 31 区，以非作业者拥有的 15 区、17 区、18/15 区、29 区和 NGC 区权益，以及埃尼在安哥拉海上拥有作业权的 15/06 区、CabindaNorth（卡宾达北区）、CabindaCentro（卡宾达中区）、1/14 区、28 区以及即将获得作业权的 NGC 区，以非作业者拥有的 0 区（Cabinda）、3/05 区、3/05A、14 区、14K/A-IMI 区、15 区权益；同时，阿苏勒能源参与安哥拉液化天然气合资公司相关业务，并持有 Solenova 太阳能合资公司股份及 Luanda（罗安达）炼油厂的股权。

表 8-4 2022 年全球海洋油气并购金额前 20 位交易

买　方	卖　方	交易金额（百万美元）	交易规模（百万桶油当量）
阿苏勒能源	埃尼	6295	627
阿苏勒能源	bp	5912	687
PKNORLEN	波兰油气公司	4043	514
PetroRio	巴西国家石油	1950	163
EIGPartners	雷普索尔	1502	453
萨哈林能源	壳牌	1452	308
Seplat 能源	埃克森美孚	1283	448
Delek 集团	SiccarPointEnergy	1100	194
Talos 能源	EnVenEnergyVentures	1100	143
壳牌	巴西国家石油	1100	81
Sval	Equinor	1000	105
壳牌	卡塔尔能源	933	764
埃克森美孚	卡塔尔能源	933	764
道达尔能源	卡塔尔能源	933	764
PKNORLEN	Lotos（Petrobaltic）	885	135
道达尔能源	卡塔尔能源	824	3769
壳牌	卡塔尔能源	824	3769
bp	Cenovus 能源	710	178
三井物业	萨哈林能源	691	141
EIGPartners	东京燃气	677	109

数据来源：Rystad Energy。

二、2023 年全球海洋油气展望

1. 全球海洋油气勘探继续回暖

全球海洋油气勘探投资继续增长。2023 年，预计全球海洋油气勘探投资 294 亿美元，同比增长 16.2%，其中亚太、中东、拉美等地区将继续引领投资增长。海上勘探钻井数约为 570 口，与上一年基本持平。预计海上勘探钻井数前 5 位的国家分别是中国、美国、挪威、印度、圭亚那。

海上发现将继续引领全球油气新增储量增长。海洋油气资源探明率依然较低，未来海洋油气具有极大的勘探开发潜力，是全球重要的油气接替区。2023 年，预计海上新增储量占全球油气新增储量（不含陆上非常规油气）的比例将继续超过 80%。

2. 全球海洋油气开发规模持续增长

海洋油气新建投产项目数量呈下降态势。2023 年，国际油价仍将在高位，但市场投资情绪相对较为冷静。预计全球海洋油气新建投产项目 72 个，同比减少 7.7%（表 8-5）；海洋油气新建投产项目开发投资为 691.1 亿美元，与上一年同期基本持平。开发投资并未因项目数量减少而下降的主要原因：一是单位项目投资规模持续增大，投资额 10 亿美元以上的项目有 22 个，同比增加 8 个；二是部分新投产项目已在前几年得到批复，不能完全反映当下市场变化。

表 8-5　2023 年海洋油气开发主要项目

项目名称	国家	运营商	水深（米）	储量（百万桶油当量）	装备类型
Mero（Libra NW）	巴西	Petrobras	1500 ~ 2250	300 ~ 1000	FPSO
Buzios（x-Franco）	巴西	Petrobras	1500 ~ 2250	300 ~ 1000	FPSO
Marlim Revitalization Module 1	巴西	Petrobras	600 ~ 800	300 ~ 1000	FPSO
Marlim Revitalization Module 2	巴西	Petrobras	600 ~ 800	300 ~ 1000	FPSO
KG-DWN-98/2 Northern Area (Cluster 2A)	印度	ONGC	600 ~ 800	30 ~ 300	FPSO
Vito (FPS)	美国	Shell	1000 ~ 1500	30 ~ 300	半潜式平台
Itapu (x-Florim)	巴西	Petrobras	1500 ~ 2250	300 ~ 1000	FPSO
ACG(Azeri-Chirag-Guneshli Deep Water)	阿塞拜疆	bp	200 ~ 300	30 ~ 300	钢质平台
Peregrino Phase2 (Peregrino South)	巴西	Equinor	100 ~ 125	30 ~ 300	钢质平台
Sangomar (Ex-SNE)	塞内加尔	Woodside	1000 ~ 1500	30 ~ 300	FPSO

数据来源：Rystad Energy、CNOOC EEI。

海洋油气投产项目生产期年均支出持续增长。2023 年，预计全球海洋油气投产项目生产期年均支出 55.92 亿美元，同比增长 35.7%。

3. 全球海洋油气生产持续增长

全球海洋石油产量稳步增长。2023 年，预计全球海洋石油产量约 28.8 百万桶 / 天，同比增长 6.3%，超过疫情前水平。从区域看，产量增量主要来自中东地区、南美洲、欧洲和俄罗斯，同比分别增长 0.61 百万桶 / 天、0.47 百万桶 / 天、0.33 百万桶 / 天、0.11 百万桶 / 天。从水深看，预计 0 ~ 300 米、301 ~ 500 米、501 ~ 1500 米、1501 ~ 3000 米水深的海洋石油产量分别为 20.40 百万桶 / 天、1.02 百万桶 / 天、2.94 百万桶 / 天、4.40 百万桶 / 天，占比分别为 70.9%、3.5%、10.2%、15.3%，同比分别增长 1.15 百万桶 / 天、0.06 百万桶 / 天、0.08 百万桶 / 天、0.37 百万桶 / 天（图 8-33）。

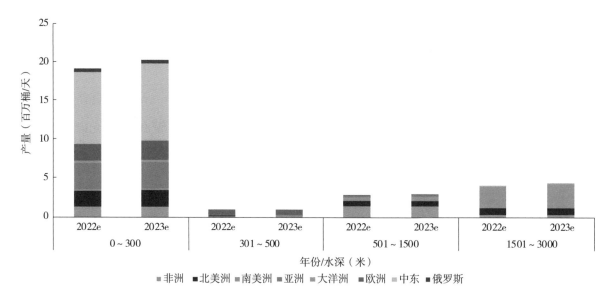

图 8-33　全球海洋石油产量（分区域、分水深）
数据来源：Rystad Energy、CNOOC EEI

全球海洋天然气生产稳步回升。2023 年，随着全球天然气市场全面复苏，预计全球海洋天然气产量 1.19 万亿立方米，同比增加 2.6%。从区域看，产量增幅超过 100 亿立方米的地区只有中东，增量为 230 亿立方米，同比增长为 5.5%。从水深看，预计 0 ~ 300 米、301 ~ 500 米、501 ~ 1500 米、1501 ~ 3000 米水深的天然气产量分别为 9143 亿立方米、945 亿立方米、1227 亿立方米、5551 亿立方米，占比分别为 77%、8%、10.6%、4.4%。300 米及以下水深产量占比略有减少，其余水深产量占比均有所增加（图 8-34）。

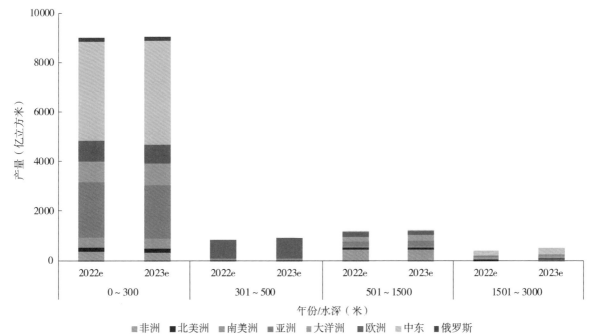

图 8-34 全球海洋天然气产量（分区域、分水深）

数据来源：CNOOC EEI、Rystad Energy

4. 全球海洋油气投资继续增长

全球海洋油气勘探开发投资有所增加。2023 年，预计全球海洋油气勘探开发投资持续增长至 1774.4 亿美元，同比增长 6.1%，占全球油气勘探开发总投资的 32%。300 米以下水深投资占比仍超一半以上，1501 ~ 3000 米、3000 米以上超深水投资持续增长，同比增长 3.1%、142.8%。欧洲、中东、亚洲投资强度最高，均达到 310 亿美元规模；其次是南美洲、北美洲、非洲，投资规模分别为 291 亿美元、247 亿美元、222 亿美元。从投资结构看，勘探投资同比增长约 16.8%，占比上升 1.3 个百分点。

5. 全球海洋油气成本持续增加

全球海洋油气成本将有所上升。2023 年，受高通胀影响，海洋油气勘探、开发、生产的成本均可能有所增加，但仍继续保持较低水平。

6. 全球海洋油气招投标活跃度持续低迷

全球海洋油气招投标持续低迷。2023 年，国际油气价格仍将处于相对高位，油气资源国出于促进经济发展的考量，开展勘探招标的意愿将进一步加强；但是，石油公司可能考虑全球经济前景而对投资更为谨慎。因此，招标区块数量可能增加，但实际投标公司和授权区块下降概率增大。预计全球将有 51 轮招标，涉及海洋油气勘探区块 36 轮；招标区块主要分布在亚洲、非洲，其次是南美洲。

第二节　中国海洋油气回顾与展望

一、2022 年中国海洋油气回顾

1. 海洋油气勘探成果显著

海洋油气勘探力度持续加大。2022 年，中国持续夯实增储上产的资源基础，不断加大海洋油气勘探力度，以寻找大中型油气田为主线，坚持价值勘探理念，稳定渤海，加快南海，推进非常规；聚焦风险勘探和领域勘探，寻找储量接替区。预计全年勘探钻井 220 余口（图 8-35），同比增长 10%；采集三维地震数据 1.65 万平方千米，同比增长 15%。截至三季度末，海洋油气勘探已获新发现 7 个，包括渤中 26-6、锦州 14-6、文昌 19-3、流花 28-2 西及崖城 13-10 等，成功评价包括渤中 26-6、渤中 19-2、宝岛 21-1 三个大型油气田在内的 20 个含油气构造。

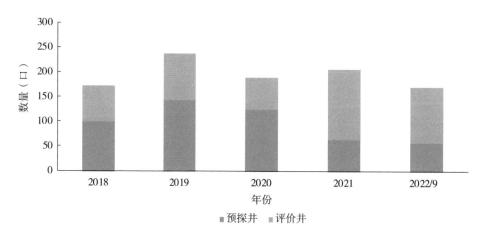

图 8-35　中国海洋油气近年探井工作量
数据来源：CNOOC EEI

海洋油气勘探发现卓有成效。一是渤海石油勘探再获新发现。成功评价渤中 26-6 含油气构造和渤中 19-2 含油气构造，均已确认为大中型商业发现，探明地质储量合计超过 1 亿吨油当量，进一步揭示渤南太古界潜山良好勘探前景和渤中凹陷大面积连片岩性圈闭巨大勘探潜力。二是深水深层勘探首获重大发现。通过深化深水深层地质认识和技术创新，在海南

东南部海域莺歌海盆地成功发现我国首个深水深层大型天然气田宝岛 21-1，最大作业水深超过 1500 米，完钻井深超过 5000 米，新增探明储量天然气超过 500 亿立方米、凝析油超过 300 万立方米，助力南海万亿立方米大气区建设。三是海上页岩油勘探取得重大突破。海上首口页岩油井涠页 -1 井钻探及压裂测试成功完成，初步评价显示南海北部湾资源量高达 12 亿吨，未来潜力巨大。

2. 海洋油气开发取得重大突破

海洋油气开发力度持续加大。2022 年，中国持续加大海洋油气开发投资力度，加快产能建设步伐，不断提升生产能力，推进稠油规模化和低渗油田等低品位储量规模效益开发，同时积极开展"两提一降"及稳油控水等工作，优化生产调整井布局，提高采收率，提升单井产量，控制递减率。全年计划投产 7 个新建产能项目，截至三季度末，有 3 个新项目投产，其他项目按计划推进。

表 8-6 2022 年海洋油气主要投产项目

油气田	作业者	当前状态	产量高峰（桶油当量/天）	海域
垦利 6-1 油田 10-1 北区块开发项目	中国海油	已投产	7100	渤海中部海域
垦利 6-1 油田 5 1、5 2、6-1 区块开发项目	中国海油	安装	36100	渤海中部海域
渤中 29-6 油田开发项目	中国海油	安装	15300	渤海南部海域
锦州 31-1 气田开发项目	中国海油	调试	2100	渤海海域
涠洲 12-8 油田东区开发项目	中国海油	已投产	4700	南海北部湾海域
东方 1-1 气田东南区及乐东 22-1 气田南块开发项目	中国海油	已投产	2900	南海莺歌海
恩平 15-1、10-2、15-2、20-4 油田群联合开发项目	中国海油	调试	35500	南海东部海域

数据来源：CNOOC EEI。

重点新项目取得重要突破。渤海莱州湾北部首个亿吨级大型油田垦利 6-1 油田 5-1、5-2、6-1 区块开发项目导管架和平台全部建造完工；海上首个 CCS 示范工程项目——恩平 15-1、10-2、15-2、20-4 油田群联合开发项目完成导管架和平台安装，该项目将油田伴生的二氧化碳回注，有效减少排放；陆丰 15-1 油田开发项目完成国内首座 300 米级深水导管架海上安装，开创了我国海洋油气资源开发新模式；渤海湾首个千亿立方米大气田渤中 19-6 凝析气田一期顺利开工建设，各项工作按计划推进。

海洋油气开发技术创新取得实效。自主研发的首套深水水下生产系统正式投用，对南海深水油气田有效开发具有重要意义；首套自主研发的浅水水下生产系统完成安装，实现了技术突破；自主设计的亚洲第一超深水导管架"海基一号"成功安装，标志着中国完全掌握了深水超大型导管架平台设计建造安装全套关键技术；在"低边稠"油田高效开发等关键技术攻关方面取得了积极进展，有力支持了世界上首个海上大规模超稠油热采开发油田——旅大5-2北油田一期项目顺利投产；恩平油田使用台风模式远程操控生产，实现极端天气下稳定运行近 300 小时，减少产量损失超 20 万桶；秦皇岛 32-6 油田建成"智能油田"标杆项目，开创了"智能、安全、高效"的新型海上油气开采运行模式。

3. 中国海洋油气产量再创新高

海洋石油仍是中国石油增产主力。2022 年，预计中国海洋原油产量 5862 万吨（图 8-36），同比增长 6.9%，增产量占全国石油增产量的一半以上。渤海和南海东部仍是海洋石油上产的主要区域。

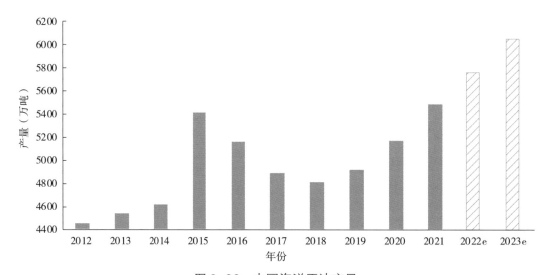

图 8-36　中国海洋原油产量
数据来源：中国海洋经济统计公报、CNOOC EEI

海洋天然气产量稳健增长。2022 年，预计中国海洋天然气产量 216 亿立方米（图 8-37），同比增加 8.6%，约占全国天然气产量增量的 13%。南海大气区建设持续加快，"深海一号"深水气田投产一年来稳定生产供应天然气超过 30 亿立方米。

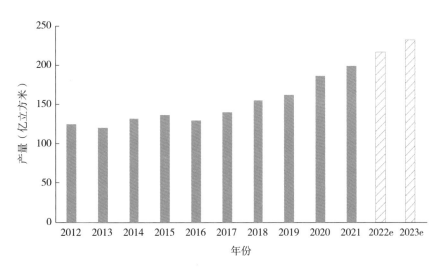

图 8-37　中国海洋天然气产量
数据来源：中国海洋经济统计公报、CNOOC EEI

4. 中国海洋油气投资和招投标活跃

2022 年，中国持续加大海洋油气勘探开发投资力度，全年勘探开发资本支出预算为 650 亿~730 亿元，同比增长 3%~15%。其中，开发支出比重最大，约占 50%。

2022 年，中国海油加大对外合作力度，在渤海和南海北部海域共推出 13 个对外招标勘探区块，总面积约 1.72 万平方千米。其中，渤海湾盆地 1 个区块，面积 330 平方千米；珠江口盆地 11 个区块，面积 1.62 万平方千米；莺歌海盆地 1 个区块，面积 640 平方千米。

5. 中国保持海洋油气桶油主要成本优势

2022 年，海洋油气桶油主要成本管控良好，总体继续维持较低水平。由于国际油价上升带来除所得税外的其他税金增加、燃料价格上涨和部分油田维修及作业工作量增加，导致桶油五项成本略有回升。由于产量结构变化的影响，桶油折旧、折耗及摊销成本同比下降。

二、2023 年中国海洋油气展望

1. 中国海洋油气勘探开发力度将持续加大

2023 年，中国将加大海洋油气勘探开发力度，强化勘探，着力寻找大中型油气田，加强产能建设，全力做好海洋油气增储上产工作，为保障国家能源安全做出新贡献。勘探方面，继续秉承寻找大中型油气田的价值勘探理念，按照"稳定渤海、加快南海、拓展东海、攻坚黄海"布局,统筹有序部署战略发现、战略突破、战略展开,实现储量持续稳定增长,继续加强深水、深层及高温高压等风险勘探,加大新区、新领域、新层系、新类型勘探,着力加强岩性和潜山等领域勘探,努力寻找储量接替区,同时加大海上页岩油勘探力度,加快建设中国海上页岩油勘探开发示范区。深化地质认识、加强地球物理和勘探作业技术攻关,提高勘探成功率,强化勘探成本管控,推进海洋油气勘探高质量发展。开发方面,实施提质增效升级行动,加强技术攻关,强化开发成本管控,加强新发现油气田开发,加大产能建设力度,加快重大产能项目建设进度,确保项目按计划顺利投产。生产方面,持续优化生产调整井布局,完善生产措施,加强稳油控水,提升单井产量,提高采收率,降低递减率。

2. 中国海洋油气产量增长态势将继续保持

2023 年,中国海洋油气产量将继续增加,预计海洋石油产量突破 6000 万吨大关,继续保持全国石油生产增量的领军地位;预计海洋天然气产量突破 230 亿立方米。渤海和南海东部进一步巩固其作为我国海洋石油生产中心的地位。随着渤中 19-6 凝析气田等产能项目不断投产,"深海一号"气田产量增长,其他主力气田持续稳产增产,我国南海大气区互联互通、多气源互补的生产供应格局进一步加强,为助力"粤港澳"大湾区发展提供更加有力的清洁能源供应保障。

第三节　海洋油气技术

2022 年,深水、超深水领域大中型油气发现在全球油气发现中继续占据主导地位,科技创新成为破解海洋油气发展难题、实现高质量可持续发展的"密码"。

一、勘探技术进步与创新促进海洋油气发现

全球海洋油气,尤其是深水领域,油气资源丰富、探明率低,潜力大,是勘探开发业务的重点发展方向,近年一直是国际石油公司的上游核心战略。在油价波动和能源转型的背景下,多数海洋油气勘探投资转向靠近现有设施成熟探区的精细勘探、滚动勘探,以便能够快速开发和获取现金流,地震勘探开发技术进一步向提高精度和效率方向发展。

地震采集方面，地震激发设备和地震记录设备的发展，可控震源、精密数字地震仪及基于这些高精尖设备宽频带、宽方位、高密度地震勘探技术促使地震采集从二维到三维再到四维，从单分量到多波、多分量，从窄方位到宽方位发展，采集维度、采集密度和提高信噪比等领域均取得了突飞猛进的进步，大大提高了地震采集质量。地震处理和解释方面，数字化、智能化技术为地震数据处理带来了革命性影响，使早期的二维剖面型构造解释发展到三维构造解释，从局部解释发展到全空间三维可视化解释和虚拟现实解释，地质目标的识别能力明显增强。近年应用虚拟现实技术促进海量复杂数据模型展示与实时分析，如地震数据多维空间分析、地质层位断层构造分析、综合油藏模型展示与分析、地表与地下构造模型综合分析等。未来，随着机器学习尤其是深度学习等技术的深入应用，将有助于地震解释向智能解释领域发展，降低对人工经验的依赖，克服人工解释的主观性和低效率，大幅度提升数据分析解释的客观性、可靠性、适应性和工作效率。正是基于上述勘探技术进步与创新，一个新成藏组合的突破将引领周边具有相似地质背景或成藏组合的区块的高密度发现，全球深水发现呈现出以点带面的快速增长趋势。例如，埃克森美孚在圭亚那的 15 年深耕细作中陆续获得 14 个大发现，可采储量超过 14 亿吨；道达尔在南非历经 6 年不懈努力发现 2 个气田，可采储量超 2000 亿立方米，预计资源量可达 5000 亿立方米。

目前，中国国内无论是在震源技术的可变阵列震源的能量激发，还是在接收系统的主频带控制，检波器技术、道间距、排列长度，数字采集信号处理能力，以及拖缆、导航等技术组合方面，均取得较大的突破，海洋地震勘探技术越来越成熟。中国海油先后成功研制出了达到国际先进水平的"海亮"固体拖缆采集装备和"海途"三维拖缆综合导航系统，可为物探船提供实时定位导航，使船载其他地震采集系统协同工作，并实时计算水下震源位置和检波点位置，分析反射面元的覆盖情况，有效提升地震采集的作业质量。2022 年，中国海油列装 12 缆大型深水物探船实现生产示范应用，标志着中国深海油气物探技术水平向前迈出一大步。中国海油应用新的勘探技术发现了一批新的有利构造，2022 年在海南岛东南部海域琼东南盆地再获勘探重大突破，发现了中国首个深水深层大气田——宝岛 21-1（图 8-38），探明地质储量超过 500 亿立方米，实现了松南-宝岛凹陷半个多世纪来的重大突破。

图 8-38 "海洋石油 982"钻探发现宝岛 21-1 大气田

二、开发技术进步、智能化生产提升海洋油气开发效率

近年，水下生产系统、长距离海底管线回接等技术进步，促使作业模式从水上向水下发展，极大促进了海洋油气开发，初步形成适用于恶劣海洋环境的"半潜式平台 + 水下生产系统 + 海底管线"和适用于相对温和海洋环境的"海上浮式生产储油平台（FPSO）+ 水下生产系统"的开发技术与生产模式，借力于数字化技术进步，海上油气开发向更高效率、更高质量方向进步。

分布于浅海海域的在产油气田，多数是开采历史已久的老油气田，因产层亏空，开采能量不足，需要依靠注水、注气、注热等开采方式来提高采收率，实现精益化发展。统计表明，全球海域在产油气田中，有 66.6% 处于二次采油阶段，另有 27.1% 处于一次采油阶段，有 6.3% 处于三次采油阶段。除了注水和注气，纳米驱油技术是近年出现的新兴研究方向，例如纳米二氧化硅粒子、纳米乳液、聚合物纳米微球等能够有效解决传统技术存在的波及效率低、适应性差、潜在储层伤害等问题，有望成为提高采收率的战略接替技术，应用前景广泛。

为提升开发效率，各大石油公司都在积极推进智能油田建设：一方面，利用大数据、一体化协同开展地质勘探数据的深度挖掘利用，可在分析层面实现海量基础数据智能化解释，在应用层面实现数据资源的灵活调用、协同共享；另一方面，引入智能机器人巡检、AR 辅助操作等技术，减少对人员技术和经验的依赖。运用超级物联网、大数据分析，实现生产现场万物互联、深度感知以及异常工况快速自动诊断、分级智能预警，从而大幅提高开发效率和本质安全。例如，bp 通过未来油田项目，实现了基于实时分析的快速决策，实现了多学科、多地点的远程协同，对其总产量的贡献率达到了 50%。ABB 公司的数字化解决方案 Ability™帮助挪威石油公司海上气田提前投产，使该气田启动的大部分过程实现了自动化，将需要人工干预的作业数量从上百个减少到 20 个，减少作业时间 40 天，节省 2700 个工时，有效提高了油气产量。

中国首个海上智能油田——中国海油秦皇岛 32-6 智能油田（一期）项目已全面建成投用，采用先进的技术平台，将云计算、大数据、物联网、人工智能、5G、北斗等信息技术与油气生产核心业务深度融合，使秦皇岛 32-6 这个 20 年的老油田具备了全面感知、整体协同、科学决策和自主优化等显著的智能特征；将带来 30% 的生产效率提升，提升产量的同时降低操作维护成本 5% ~ 10%，减少用工 20%，使秦皇岛 32-6 成为一座现代化、数字化、智能化的新型油田。

三、装备设备研发、数字赋能不断刷新深水深层钻探纪录

近年海上油气钻完井工程技术发展以降低成本、提速增效、提高单井产量等为主要方向，以信息化、自动化、智能化为手段，在刷新钻探纪录的同时不断提高作业效率和安全性。

在钻头领域，自适应、智能传感钻头是近年的发展方向。贝克休斯公司的 TerrAdapt 钻头、国民油井华高公司的 ReedHycalog 钻头、哈里伯顿公司的 CerebroForce™ 钻头等都是实现了自适应的智能钻头。其中 TerrAdapt 在钻头上安装自调试液压卵形原件，随地层岩石自动调节切削深度，避免切削齿咬入地层过深，同时可减少钻头的震动和冲击，大幅提高钻井速度。ReedHycalog 钻头根据地层特征、定向要求等环境变化，可动态伸展出带有新的切削结构的刀翼，减少起下钻次数，提高机械钻速、井筒质量和定向性能。CerebroForce™ 钻头内置了传感系统，能够准确校准钻井扭矩和阻力模型，可搭配任意马达、旋转导向系统或随钻测井系统。

在钻机领域，为提高钻井效率，一方面，开发了新型双作业钻机，即用钻塔两侧的旋转

式钻杆排放架替换传统排放架，可排放最长达 55 米的钻杆立柱，起下钻速度最高可达 1500 米 / 小时，显著提高起下钻速度；另一方面，智能化钻机技术快速发展，例如国民油井华高公司的 NOVOS™ 系统，通过钻机集成控制系统和系列软件程序，将井下采集的动态数据与地面操控数据结合分析处理，与模型配合互动，实现数据驱动的钻井闭环控制，在 6 口水平井中的实践证明，纯钻时间减少了 43%，每口井节约 25 万美元。斯伦贝谢也开发了钻井工程的数字化闭环技术，提高钻井设计效率 50% 以上，自动钻进平均机械钻速提高 40%，一体化钻井方案在复杂井中提效 62%。2022 年 10 月，阿布扎比国家石油公司宣布由东方电气集团所属东方宏华制造的 3000HP 人工岛快速移运丛式井钻机成功钻探 50000 英尺（15240 米），创造了最长油气井的新世界纪录。

在井下工具领域，随着技术的进步，井下工具、仪器、材料的耐温耐压能力持续提升。例如，国外旋转导向钻井系统、螺杆钻具的最高耐温能力已分别达到 200℃、230℃，钻井液的最高耐温能力已达 260℃ 左右。随着石墨烯等新材料的引入以及封装、冷却、绝缘等技术的发展，井下仪器、工具的耐温能力将整体超过 230℃，甚至有望达到 300℃，将有力推动海洋深层超深层油气勘探开发。

历经十余年的技术攻关和自主创新，中国海油的海上钻井技术和作业能力实现了从浅水向超深水的跨越，基本掌握了常规深水、超深水及深水高温高压整套深水钻探技术的应用。2021 年 9 月，全球首艘获得挪威船级社智能认证的钻井平台"深蓝探索"在中国珠江口盆地成功开钻，它也是中国海油为深水油气勘探开发"量身定制"的新型半潜式钻井平台，担当中国海上中深水海区、高温高压地层、超深埋藏地层的油气勘探开发重任，为中国首个自营超深水大气田"深海一号"的开发奠定了良好基础，使中国跃升成为全球能够自主开展深水油气勘探开发的国家之一。

四、虚拟技术、智能制造促进海洋油气工程建设和装备少人化

近年，虚拟技术、人工智能技术等成为海洋工程建设和装备制造领域的发展方向，进一步推动海洋油气建设和装备向少人化、无人化方向发展，不断提高智能化水平。

在大型装备建造领域，通过研发集成制造系统，解决数据流通问题，实现海洋油气生产装备设计、生产一体化。同时将智能机器人引入海洋油气生产装备制造车间，加快无人化工厂建设。例如，西门子一站式设计、管理软 / 硬件集成解决方案 Top-Sides 4.0，构建了从设

计到售后服务的"数字孪生模型"，为海洋油气生产装备全生命周期管理提供支持，以实现开发周期更短、建造成本更低、运维服务更好的目标，成功应用于 Aker BP 旗下的 Ivar Aasen Field 远洋平台，预计十年内将减少运营成本 10 亿欧元。Aker Solutions 提出了无人 FPSO 概念设计，即实现 FPSO 设备的控制以及操作均在陆上进行，海上和陆上之间通过光纤电缆传输数据，卫星传输作为备用解决方案，数字孪生技术是无人 FPSO 概念设计的关键。据 Aker Solution 的估算，无人 FPSO 的成本约为 18 亿美元，相较于传统 FPSO 建设成本降低 10% 左右，运营费用将减少 25% ~ 30%，且更加低碳环保。

在小型装备领域，载人潜水器（HOV，Human Occupied Vehicle）、遥控水下机器人（ROV，Remote Operated Vehicle）、自主水下机器人（AUV，Autonomous Underwater Vehicle）、深海拖曳机器人（DTS，Deep Tow System）等均快速发展，且随着技术不断进步，一批深海机器人相继问世，如美国的 Sentry 深海机器人、英国的 Autosub6000、挪威的 HUGIN4500、日本的 R2D4 等，最大作业水深达到 6000 米。

中国海洋油气装备技术近年来取得长足进步。例如，2022 年 6 月 26 日，中国首个海洋油气装备制造"智能工厂"——海油工程天津智能化制造基地正式投产，填补了中国海洋油气装备数字化、智能化制造领域的多项技术空白，标志着中国海洋油气装备行业智能化转型实现重大突破。2022 年 9 月 14 日，随着位于中国南海莺歌海的东方 1-1 气田东南区乐东块开发项目投入生产，中国自主研发的深水水下生产系统正式投入使用，标志着中国深水油气开发关键技术装备研制取得重大突破（图 8-39）。2022 年 10 月 3 日，由中国自主设计建造

图 8-39 在工程船上待安装的深水水下多功能管汇

的深水导管架平台——"海基一号"投入使用，平台导管架高度达 302 米，重量达 3 万吨，是亚洲首例 300 米级深水导管架（图 8-40），填补了国内超大型深水导管架设计建造安装的多项技术空白，标志着中国成功开辟了"深水固定式平台油气开发新模式"，深水超大型导管架平台的设计、建造和安装能力达到世界一流水平。

图 8-40　亚洲第一深水导管架"海基一号"

五、平台支撑、跨界合作推动数字化资源协同共享

鉴于云计算的高可靠性、可扩展性和按需付费等突出优势，能源行业纷纷拥抱云计算，在云上部署专业平台和软件成为近年来油气企业数字化转型的重要选择。

斯伦贝谢"DELFI 感知勘探开发环境"建立在微软 Azure 云计算平台和 AzureStack 混合云平台上，并在此基础上开发"ExplorePlan 快捷勘探计划解决方案""FDPlan 敏捷油田开发计划解决方案""DrillOps 目标井交付解决方案""ProdOps 协调生产作业解决方案"等一系列应用程序，优化钻井和生产业务工作流程，支撑 E&P 全业务链协同的共享和智能化研究。贝克休斯 Predix 工业互联网平台，也是通过云计算实现海量运营数据集中统一分析和优化的，其与 C3.ai 和微软结成联盟，将 BHC3 开发的应用程序部署在微软 Azure 云计算平台上，提供智能解决方案。通过与亚马逊、微软、谷歌等云厂商的合作，哈里伯顿建立起石油行业首款混合云——iEnergy，并基于 iEnergy 建立了 DecisionSpace365 平台，用于部署、集成和管理复

杂的云应用。该服务支持通过公有云和私有云方式部署，具有安全、持续监控、环境可伸缩、持续优化升级、部署灵活等主要优点。

　　云平台以及部署在平台上的勘探开发、钻井、采油、数据管理等云应用程序为业务范围广、需要广泛跨学科合作的油气勘探开发行业带来了极大的便利。国内油气企业在云平台部署方面也取得了长足进步，例如，中国石油开发了"勘探开发梦想云平台"；中国海油按照"全球化布局，集约化管理"的建设思路，建成覆盖全球的云数据中心体系，有效覆盖国内及海外区域，并按照数字化转型顶层设计部署，持续开展云平台能力建设，推动业务系统云化迁移，逐步实现信息化基础资源的集中统一共享，免除了时间、空间和设备限制，省去了高昂的设备部署、维护费用，保证了数据的实时性、一致性和可信度，为跨学科协同合作提供了条件。

（本章撰写人：苏佳纯　郝宏娜　李　伟　石　云　段绪强　徐　鹏

审定人：鲍春莉　潘继平　彭仕云）

第九章　海洋风能

第一节　全球海上风电回顾与展望

一、2022 年全球海上风电回顾

1. 全球海上风电新增装机增速放缓

2022 年，预计全球海上风电累计装机容量 6850 万千瓦，同比增长 26%（图 9-1）；预计新增装机容量 1425 万千瓦，增速有所放缓。

2022 年，欧洲仍是全球海上风电累计装机容量最大的地区，中国仍是全球海上风电累计装机容量最大的国家。中国、英国继续保持全球新增装机容量的前两位；德国、荷兰恢复新增装机，规模紧随中国和英国；越南保持较快增长，值得关注（图 9-2）。

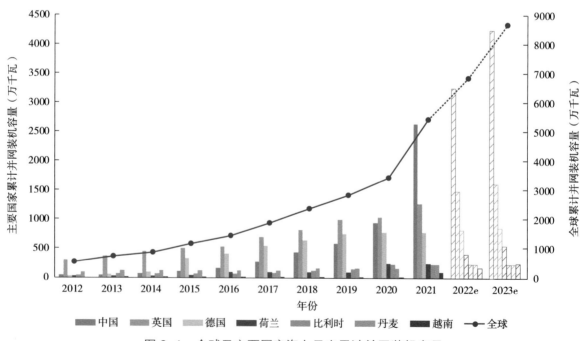

图 9-1　全球及主要国家海上风电累计并网装机容量
数据来源：Wood Mackenzie、IRENA、国家能源局、CNOOC EEI

126

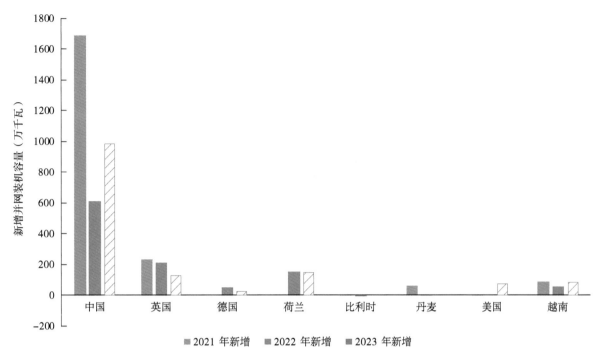

图 9-2　2021—2023 年全球主要国家海上风电新增并网装机容量
数据来源：Wood Mackenzie、IRENA、国家能源局、CNOOC EEI

2. 欧洲多国调增海上风电发展规划

2022 年，继英国、美国、印度之后，德国成为 2030 年前海上风电装机规划量超过 3000 万千瓦的国家（图 9-3）。英国、美国、丹麦、法国提出或调增海上风电发展规划，其中英国大幅调增 1000 万千瓦。欧盟"REPowerEU"能源计划提出，2030 年可再生能源占一次能源的比重从 40% 调高至 45%；5 月，德国、丹麦、荷兰和比利时签署"埃斯比约"协议，计划到 2030 年北海区域的海上风电装机总量达到 6500 万千瓦；8 月，波罗的海八国[①]签署"马林堡宣言"，计划 2030 年前将波罗的海区域的海上风电装机容量从当前的 280 万千瓦提高至 1960 万千瓦。韩国、日本的海上风电规划目标稳健，越南也积极布局。

3. 浮式海上风电进入商业化示范阶段

2022 年，全球浮式海上风电商业化示范项目累计装机容量达到 18.1 万千瓦（图 9-4）。英国以 7.8 万千瓦稳居全球首位，挪威加速追赶，累计装机容量达到 6.2 万千瓦；位居第三至第七位的国家，分别是葡萄牙、中国、法国、日本和西班牙（图 9-5）。全球浮式海上风电新增的公开计划项目数量保持稳步增长，总装机容量大幅提升，澳大利亚、印度尼西亚等更多国家提出了浮式海上风电建设计划。

---

① 波罗的海八国指的是丹麦、波兰、德国、立陶宛、爱沙尼亚、瑞典、拉脱维亚、芬兰。

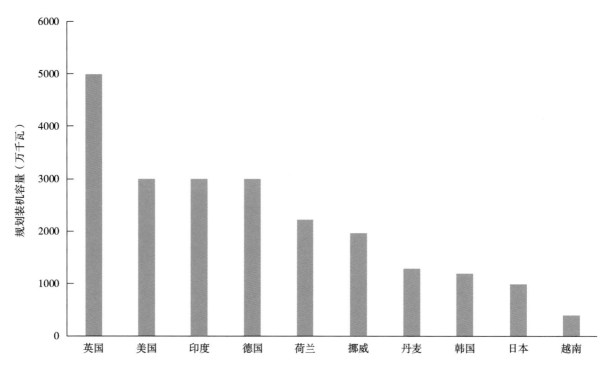

图 9-3　主要国家海上风电 2030 年规划总量
数据来源：Wood Mackenzie、CNOOC EEI

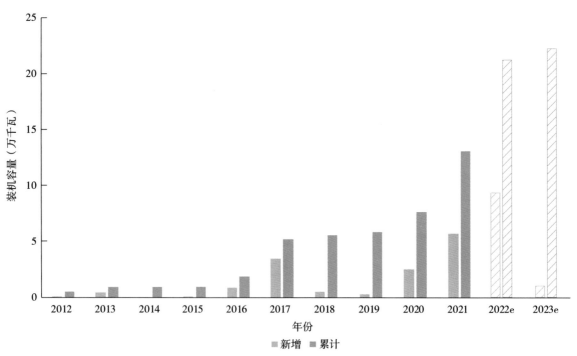

图 9-4　全球浮式海上风电新增和累计装机容量
数据来源：Wood Mackenzie、CNOOC EEI

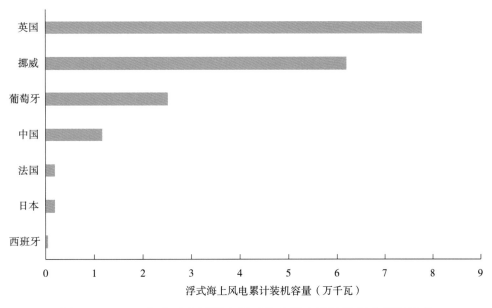

图 9-5 2022 年全球主要国家浮式海上风电累计装机容量及排名
数据来源：Wood Mackenzie、CNOOC EEI

2022 年，全球最大的浮式海上风电商业化示范项目——挪威 Hywind Tampen 项目实现部分并网发电；日本首个浮式海上风电商业化示范项目——Goto 风电场开工；英国第四轮差价合约招标，首次授出 32 兆瓦浮式海上风电项目，推动浮式海上风电从技术研发和工程验证走向产业应用。

中国加速探索浮式海上风电商业化。中国海装漂浮式海上风电项目成功安装，中国海油文昌浮式海上风电示范项目开工建设，中国电建万宁百万千瓦级浮式海上风电项目通过可研评审，浮式海上风电产业园陆续在浙江、福建、海南等地落户。

浮式海上风电基础技术形式呈现多样化发展。浮式海上风电基础形式主要包括半潜式（SUB）、张力腿（TLP）、单立柱（Spar）3 种。据项目应用统计，半潜式占比超过 63%，张力腿占比 24%，单立柱占比 13%。双机头、X1 wind、海鳐等特殊样式基础取得里程碑式突破，模块化安装、轻量化、适配大机型等成为浮式基础研发的重要关注点。

二、2023 年全球海上风电展望

1. 发展重回快车道

2023 年，欧洲多国面对调高后的装机规划目标、更大的清洁能源需求，将不得不加快海上风电的发展速度。美国、东南亚国家加快海上风电的投资，中国海上风电项目的经济性持续回升，全球海上风电发展将重回快车道。

2. 国际化合作深入

海上风电产业大国考虑地缘政治及带动地方经济等因素影响，加快构建本国海上风电产业链。但是，海上风电项目正在向深远海发展，各国技术发展参差不齐，大型漂浮式机组、浮式基础的工程技术等方面的国际化合作前景广阔。在此背景下，技术研发、装备制造、跨境投资，将成为全球浮式海上风电快速产业化的重要推动力量。

第二节　中国海上风电回顾与展望

一、2022 年中国海上风电回顾

1. 装机增速呈现断崖下跌

2022 年，中国海上风电累计并网装机容量 3250 万千瓦，同比增长 23.2%，占全国风力发电总装机的 8.4%，占比有所上升。但是中央财政补贴完全退出的影响很大，即使山东省、浙江省舟山市出台补贴政策，仍难以改变海上风电建设速度明显放缓态势，全年新增并网装机容量预计只有 611 万千瓦，增长率为十年来次低（图 9-6）。

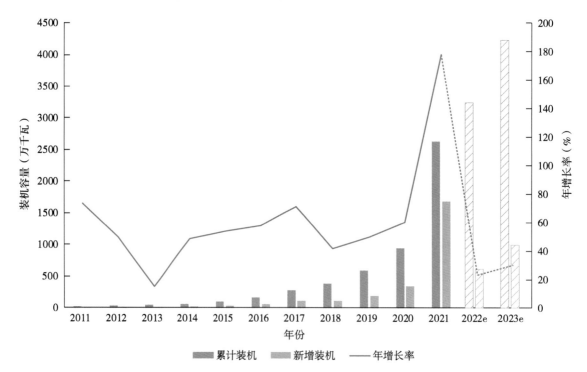

图 9-6　中国海上风电新增和累计装机容量及年增长率
数据来源：国家统计局、CWEA、Wood Mackenzie、IHS Markit、CNOOC EEI

从各省市并网装机规模看，江苏、广东继续保持领先，广东、山东、福建新增装机较多，浙江建设力度加速，江苏新增并网速度放缓（图 9-7）。

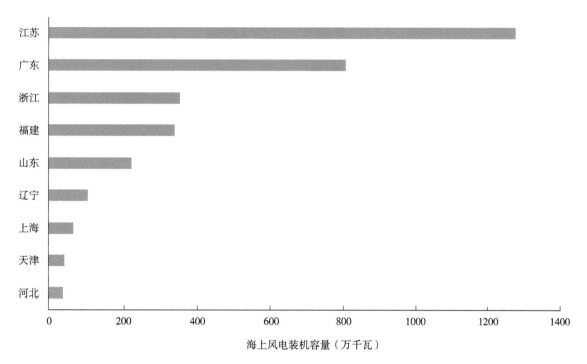

图 9-7　2022 年各省海上风电装机排名
数据来源：国家统计局、CWEA、Wood Mackenzie、IHS Markit、CNOOC EEI

2. 单位装机建设成本下降

技术进步助力降本，建设项目放缓减少装备需求，整机盈利空间大幅压缩，海上风机机组招标价格加速下降，最低已降至 3300 元 / 千瓦。抢装潮后安装船舶等施工资源紧张局面有所缓解，海上风电的单位装机建设成本快速下降，降至 10000 ~ 14000 元 / 千瓦，同比下降约 25%（图 9-8）。

3. 地方装机规划相继明确

2022 年，各省相继明确海上风电"十四五"规划，规划新增装机规模约 5500 万千瓦（图 9-9）。广东规划新增装机最大，达 1700 万千瓦，占总规划新增量近三分之一。辽宁、河北、天津加速海上风电发展，其中辽宁提出 405 万千瓦的装机目标。地方政府对海上风电的发展持积极态度，除了近海国管海域项目外，广东、福建、浙江、江苏、山东、天津等省市进一步加快探索国管海域深远海项目开发。

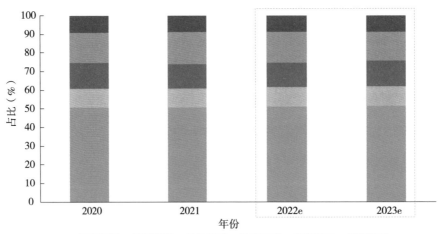

图 9-8　2020—2023 年海上风电建设成本构成对比
数据来源：IHS Markit、CNOOC EEI

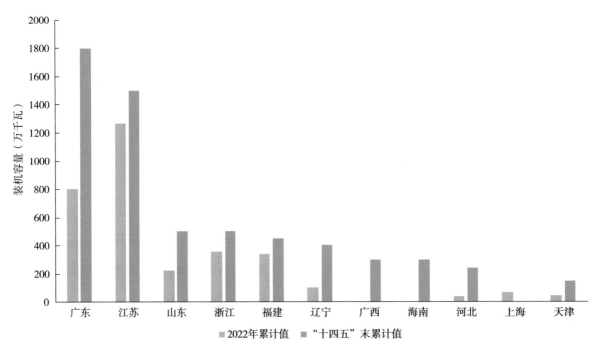

图 9-9　沿海省市海上风电 2022 年累计装机容量与"十四五"末累计值
数据来源：CWEA、CNOOC EEI

4. 整机大型化呈加速态势

2022 年，4 兆瓦级风机机型累计并网规模最大，预计近 900 万千瓦；全年新增并网风机以 5～8 兆瓦机型为主；全部已并网机组平均单机容量达到 5 兆瓦，同比上升 16.3%（图 9-10）。机组大型化进程加速，福建长乐外海 C 区、国电投揭阳神泉二等单机容量 10 兆瓦以上的海上风电项目相继建设，东方电气 13 兆瓦机组成功下线，金风科技投入 15 兆瓦机组研制。

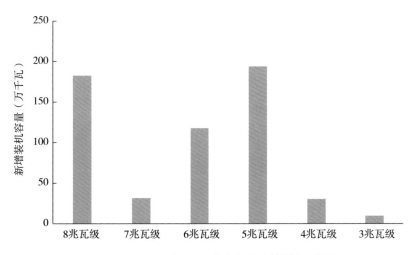

图 9-10　2022 年不同功率机组新增并网规模
数据来源：Wood Mackenzie、CNOOC EEI

2022 年，整机厂商"六王争霸"竞争格局变化不大。上海电气仍占据首位，累计并网约 930 万千瓦；其次是明阳智能，累计并网装机约 750 万千瓦；但东方电气与前五名的市场份额，面临拉大差距的趋势（图 9-11）。此外，运达股份、中国中车开始进入海上风机竞争行列，其中，运达股份中标国电电力象山 1 号风电场，并创造含塔筒价 3306 元／千瓦的中标低价纪录。

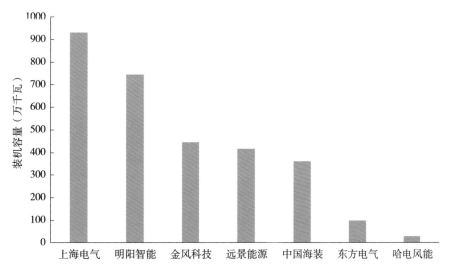

图 9-11　2022 年中国海上风电整机厂商累计并网规模
数据来源：Wood Mackenzie、CNOOC EEI

5. 产业链供应链加快健全

2022 年，国家相关部委着力增强产业链供应链的稳定性和国际竞争力，各省明确海上风电产业链布局规划，加快海上风电产业链构链、补链、强链和延链，提出一系列产业链招商、财税金融服务、科技研发等支持配套政策。

海上风电产业链已初步形成环渤海、长三角、珠三角三大集群，通过政府主导规划建设、金融机构联合投资、主要企业牵头承建等方式，以地级市为范围打造产业基地／产业园，在其周边零部件生产基地和技术研发单位集聚。沿海省市中现有 23 个地级市布局海上风电产业园／产业基地，已建成／在建 28 个，中国海装位于葫芦岛兴城、福建漳州市、海南东方市等产业园处于规划计划中。山东、浙江、福建、海南已明确提出建设深远海漂浮式海上风电产业园。

受各省项目竞争配置规则中带动地方产业和使用本地装备产品的约束，供应链本地化趋势越发明显。整机厂商多地布局以争取市场，如远景能源在江苏、浙江、福建和广东多地落户，东方电气、明阳智能被引入海南，金风科技入驻浙江。受需求放缓影响，部分区域整机供应有所过剩，市场竞争加剧，部分厂商加快大型化机组生产适应性改造。

二、2023 年中国海上风电展望

1. 新增装机量将触底反弹

2023 年，从上一年海上风电机组招标量和建设项目进度推算，中国海上风电新增装机量预计超 1000 万千瓦，在 2022 年新增装机量触底后快速恢复。新增装机机组以 7 ~ 10 兆瓦级机组为主，10 兆瓦级以上机组项目占比稳步提升。

2. 项目开发管理更加规范

2023 年，国家能源局《防止电力建设工程施工安全事故三十项重点要求》将被强制执行，对安全施工提出更高要求，倒逼行业提高标准约束，一定程度上增加安装施工成本。

2023 年，将有望通过深远海漂浮式海上风电试点项目的探索，启动相关管理制度建设，漂浮式海上风电项目管理制度体系缺失的局面会有所改善。

3. 融合发展模式有序探索

海上风电与海洋牧场、海水淡化、制氢等产业融合发展的模式，正在从试验探索逐渐走向规模化发展。各省海上风电项目竞争配置实施细则中对海洋牧场、制氢等融合发展提出具体要求，2023 年，将大范围启动"海上风电＋海洋牧场"等融合发展创新项目。三峡山东昌邑海上风电与海洋牧场融合示范项目、中广核平潭深远海养殖试验平台、明阳智能"浮式风电＋海洋牧场＋制氢示范"项目，均进入建设期。

（本章撰写人：李　楠　张亦弛　审定人：王学军　孙洋洲）

第十章 海洋其他新能源发展

第一节 海洋能

海洋能全球资源储量巨大，但技术发展缓慢，商业化程度不高。国际可再生能源署（IRENA）发布的数据显示，全球海洋能年开发潜能在45万亿千瓦时至130万亿千瓦时之间，为当前全球用电总量的 2 ~ 5 倍，整体能源储量巨大（图10–1）。从技术发展看，潮汐能发电技术因与传统水力发电原理相同，发展较为成熟，装机占比最大。潮流能发电技术接近规模化商业应用，而温差能和盐差能依然处于实验验证阶段，发展速度较缓。总体来看，由于目前海洋能开发利用的经济性与风能和太阳能相比仍有较大差距，全球范围仅有少量商业化海洋能发电设施及技术验证项目。

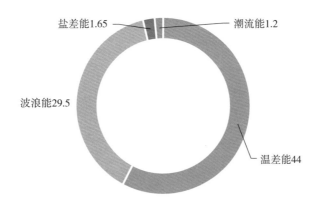

图 10–1 全球海洋能理论资源储量分布情况（单位：万亿千瓦时）

数据来源：IRENA

在公开海域部署的海洋能项目仍以潮流能和波浪能为主。据 IEA Ocean Energy Systems 不完全统计，截至 2021 年年底，全球海洋能项目和公开海域测试场址数量持续增长（表10–1）。绝大部分项目集中在北美洲和欧洲，美国、英国、加拿大在海洋能项目数量和测试场址数量上稳居前三。

表 10-1　全球海洋能项目及测试场址（open sea test sites）列表

洲	国家	项目 / 测试场址名称	位置
欧洲	荷兰	REDstack	拦海大坝阿夫鲁戴克
		潮流能测试中心	格雷弗林根坝
		Slow Mill 波浪能装置	登海尔德港
	英国	欧洲海洋能源中心	苏格兰奥克尼
		波浪中心	英格兰康沃尔
		FaBTest	英格兰康沃尔法尔茅斯湾
		海洋能源测试场	威尔士彭布罗克郡米尔福德港
		莫里斯潮流能示范场	安格尔西岛西部
	爱尔兰	高威湾海洋与可再生能源测试场	高威湾
		AMETS	贝利马特市
	葡萄牙	维亚纳堡测试中心	维亚纳堡
		Aguçadora 测试场	Aguçadora
	西班牙	BiMEP	巴斯克自治区
		Mutriku 波浪能发电厂	巴斯克自治区
		加那利群岛海洋能平台	加那利群岛
		Punta Langosteira 测试场	加利西亚海岸
	瑞典	OHT 1∶3 尺寸波浪能装置	吕瑟希尔
		索德福斯研究中心	达尔河
		NoviOcean 波浪能装置	斯德哥尔摩
		CorPower HiWave-5 海洋能旗舰示范项目	葡萄牙附近海域
	挪威	伦德环境中心	伦德岛
	丹麦	DanWEC	汉斯特霍尔姆
		DanWEC NB	尼苏姆湾
	比利时	蓝色加速器	奥斯坦德港
	法国	SEM-REV 波浪能及漂浮式风电测试场	勒克鲁瓦西克
		SEENEOH 河口与 1/4 比例潮流能场	波尔多
		Paimpol-Brehat 潮流能测试场	布雷阿岛
	摩纳哥	SBM Offshore 波浪能样机测试	摩纳哥领海
	意大利	REWEC3 波浪能装置	奇维塔韦基亚
		OBREC 波浪能装置	那不勒斯
		OPT 波浪能装置	亚得里亚海

洲	国家	项目 / 测试场址名称	位置
北美洲	美国	美国海军波浪能测试场	卡内奥赫湾
		太平洋海洋能中心 PacWave 北区	俄勒冈州纽波特
		太平洋海洋能中心 PacWave 南区	俄勒冈州纽波特
		太平洋海洋能中心华盛顿湖	西雅图
		阿拉斯加能源与动力中心	阿拉斯加塔纳纳河
		詹妮特码头波浪能测试场	南加州妮特码头
		美军陆军工兵部队野外研究中心	南加州杜克
		海洋可再生能源中心	新罕布什尔州达勒姆
		UMaine 海洋中等比例测试场	缅因州卡斯汀
		UMaine 深水海洋可再生能源测试场	缅因州蒙希根岛
		温差能测试场	夏威夷州凯阿霍莱角
		海洋可再生能源联合伯恩潮流能测试场	马萨诸塞州伯恩
		东南国家可再生能源中心 – 潮流能测试场	佛罗里达州波卡拉顿
		Verdant Power 1 : 2 尺寸潮汐能示范项目	纽约市东河附近海域
	加拿大	芬迪海洋能源研究中心	新斯科舍省芬迪湾莫纳海峡
		加南大水动力涡轮测试中心	马尼托巴湖
		波浪能研究中心	纽芬兰与拉布拉多省罗兹海湾
		Nova Innovation 潮汐能项目	新斯科舍 Petit Passage
		Yourbrook Energy Systems 潮汐能示范项目	海达瓜伊群岛马塞特湾
	墨西哥	波浪能测试设施	下加利福尼亚州恩塞纳达港
		潮流能测试设施	金塔纳罗奥州巴里奥斯港
		海洋能研发实验室	下加利福尼亚州托多斯桑托斯湾
亚洲	中国	国家海洋能小比例样机试验场	山东威海
		舟山潮流能全尺寸测试场	浙江舟山
		珠海波浪能示范工程	广东珠海万山海域
		南海波浪能测试场	南海公开海域
	日本	NAGASAKI–AMEC（Kabashima）漂浮式风电测试场	长崎
		NAGASAKI–AMEC（Naru）潮流能测试场	长崎
		NAGASAKI–AMEC（Enoshima・Hirashima）潮流能测试场	长崎
	韩国	KRISO–WETS（KRISO– 波浪能测试场）	济州岛
		韩国潮流能中心	尚未选址
		Yongsoo 波浪能测试场	尚未选址

洲	国家	项目 / 测试场址名称	位置
亚洲	印度	卡瓦拉蒂温差能海水淡化工厂	拉克沙群岛
	新加坡	圣淘沙潮流能测试中心	圣淘沙岛
大洋洲	澳大利亚	Wave Swell Energy 漂浮式波浪能测试装置	塔斯马尼亚州国王岛
	新西兰	Azura 波浪能测试装置	夏威夷波浪能测试中心

数据来源：公开资料整理。

中国加大海洋能开发力度，但政策支持力度尚不及欧美等国家。全球主要国家发布了一系列海洋能源相关政策及规划（表 10-2），中国也发布了《中华人民共和国国民经济和社会发展第十四个五年规划和 2035 年远景目标纲要》《"十四五"现代能源体系规划》等文件，提出推进海水淡化和海洋能规模化利用，因地制宜开发利用海洋能，推动海洋能发电在近海岛屿供电、深远海开发、海上能源补给等领域应用。中国沿海主要省市发布的"十四五"能源规划均提及海洋能开发利用，要求因地制宜培育海洋能产业，但普遍缺乏定量的规划目标。

表 10-2　全球主要国家海洋能源政策及规划

洲	国家	政策内容
亚洲	中国	《"十四五"现代能源体系规划》：因地制宜开发利用海洋能，推动海洋能发电在近海岛屿供电、深远海开发、海上能源补给等领域应用
		《中华人民共和国国民经济和社会发展第十四个五年规划和 2035 年远景目标纲要》：推进海水淡化和海洋能规模化利用
	韩国	《2030 年海洋能发展计划》：韩国发展和推广海洋能的战略文件，主要内容包括在公开海域建立海洋能测试场址的相关措施，建设大规模海洋能利用项目及相关的支持政策
	印度	《深海任务》：《印度政府蓝色经济计划》的支撑性举措，其中包括海洋能源利用和海水淡化。印度新能源和可再生能源部积极支持海洋能开发，印度地球科学部（MOES）所属国家海洋能源技术研究院（NIOT）正在建设温差能（OTEC）海水淡化工程
	新加坡	圣淘沙潮汐能测试场计划：受政府资助的项目，旨在向公众展示潮汐能发电技术的可行性及其可持续的优势，为后续发展做准备
大洋洲	澳大利亚	《海上电力基础设施法案 2021》：为海上电力基础设施建设项目制定了政策框架，旨在推动澳大利亚的海洋能源开发
欧洲	欧盟	《海洋可再生能源战略》：明确海洋能在促进欧盟减碳目标的地位和作用；提出 2025 年前应部署完成 100 兆瓦海洋能项目，推动海洋能在 2030 年前实现商业化发展
		《欧盟蓝色经济可持续发展新计划》：推动海洋经济领域的跨行业合作，提高海洋领域的产业协同效应，强调了增加投资对于海洋领域研究、技术和创新的重要性
	英国	第四轮差价合约（CfD）竞争性配置：英国政府宣布每年投入 2000 万英镑支持潮流能发电，拟按照海上风电产业培育模式，推动海洋能技术发展及成本下降
		《苏格兰波浪能计划（WES）》：继续使用苏格兰政府扶持资金用于突破波浪能技术瓶颈，推动波浪能产业进入商业化阶段

洲	国家	政策内容
欧洲	葡萄牙	《2021—2030 国家海洋战略》：围绕强化海洋对葡萄牙经济的贡献提出 10 项目标，其中包括应对气候变化、减碳并发展可再生能源、在海洋能源领域促进科学研究、技术发展和"蓝色"创新
	西班牙	《海上风电和海洋能发展路线图》：2021 年 12 月发布，为海洋能设置了发展规模目标，即到 2030 年达到 40 ～ 60 兆瓦装机
	法国	《可再生能源创新实验协议》：于 2019 年生效，基于能源与气候法，主要用于对海洋能和漂浮式海上风电项目进行电价上网补贴 《能源路径 2050》：由法国输电系统运营商发布，旨在支持电力系统升级研究，以实现日益增长的电力需求与低碳能源生产的平衡
	丹麦	《北海未来能源岛计划》：确立了北海作为海洋能技术开发的战略要地定位；认为未来的能源岛将为波浪能技术开发应用提供重要场所，并将有效整合波浪能、海上风电和电能多元转化技术（Power-to-X）
	爱尔兰	《海域规划法案 2021》：实施新的海洋电力组网政策，与可再生能源支持机制（RESS）招标时间表保持一致，旨在确保爱尔兰 2030 年能源计划得以实现
	意大利	"蓝色意大利增长"国家技术集群：由意大利国家研究理事会牵头实施，旨在促进经济增长，振兴意大利造船工业，同时为大力开发海洋可再生能源提供支持
北美洲	美国	《基础设施投资和就业法案》：2021 年通过，旨在为基础设施和清洁能源项目提供资金，其中包括海洋能 美国能源部资助计划：为波浪能技术研发和商业化发展提供资金；美国能源部针对海洋能启动了一系列资助计划
	加拿大	《蓝色经济战略》：旨在支持海洋领域的创新，聚焦海洋能，推动政府各层面协同以及私人资本投资 《海洋可再生能源管理计划》：针对海洋可再生能源项目勘察、建造、运行及拆除制定一系列安全和环境保护条例
	墨西哥	《海洋能源技术发展路线图》：聚焦海洋能源技术能力提升，包括基础建设、技能人才培养和技术服务等板块

数据来源：公开资料整理。

一、海洋能源技术

1. 潮流能

潮流能技术发展相对较快，逐步进入商业化阶段。整体看，潮汐能是潮流能中最为成熟且已实现商业化应用的技术，该技术主要在海湾内应用，受地理因素限制，整体资源潜力较小且与深远海开发关联度不高。其他潮流能利用相关技术如水平轴涡轮机及封闭管道技术也已进入示范项目验证阶段，预计 2022 年新增装机 2.4 兆瓦，为深远海能源开发提供技术支撑。

潮流能典型公司及项目：

（1）英国 SIMEC Atlantis Energy 是潮流能领域最为领先的公司之一。该公司开发的 Atlantis 1000/1500/2000 规格的兆瓦级潮流能发电机组是世界上最领先的潮流能发电设备（图 10-2）；建设和运营的 MeyGen 潮流能发电场项目，已成为世界上规划容量最大且唯一实现多台机组并网发电的商业化项目。

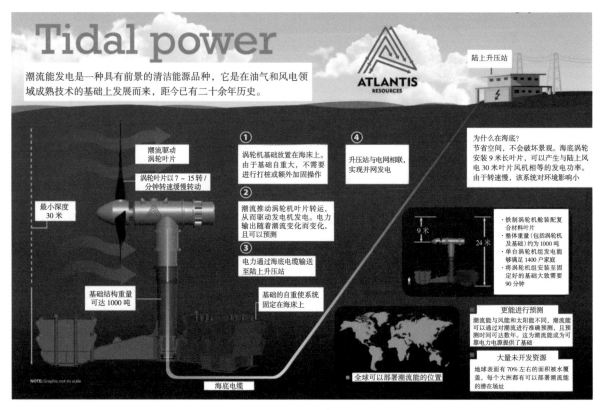

图 10-2　SIMEC Atlantis Energy 潮流能项目设计概念图
数据来源：SIMEC Atlantis Energy

（2）MeyGen 项目是世界最大的潮流能规模化开发利用计划。项目位于英国苏格兰北部海岸和斯特罗马（Stroma）岛之间的海域，规划容量为 398 兆瓦，分多期建设。首期 Phase 1A 包含 4 台 1.5 兆瓦 AR1500 涡轮机组，设计寿命为 25 年，于 2016 年 11 月实现并网发电；二期 Phase 1B（Project Stroma）部署 AR2000 机组，单台机组输出功率最大值 2 兆瓦，正在建设中；第三期 Phase 1C 正在计划中，拟部署 49 台（共 73.5 兆瓦）机组，投资约为 4.2 亿英镑，项目前期工作已经完成。

（3）欧盟 FORWARD2030 项目正在推动潮流能项目向商业化发展。2022 年年初，"欧盟地平线 2020 研究和创新计划"宣布提供 2050 万欧元资助潮汐能部署项目（FORWARD2030）

（图 10-3）。项目由苏格兰潮汐涡轮机制造商 Orbital Marine Power 公司牵头，总投资为 2670 万欧元，旨在验证新一代潮流能技术并推动潮流能项目商业化发展。项目力争在 2024 年前完成 10 兆瓦和 100 兆瓦规模以上的潮流能项目量产设计，实现新一代潮流能技术的平准化度电成本下降 25%，全生命周期碳排放强度从 18 克二氧化碳当量 / 千瓦时下降 33% 至 12 克二氧化碳当量 / 千瓦时；2030 年前，实现潮流能发电装机规模达到 2030 兆瓦，并进一步提升项目收益率和能源系统的集成度（储能 + 制氢）。

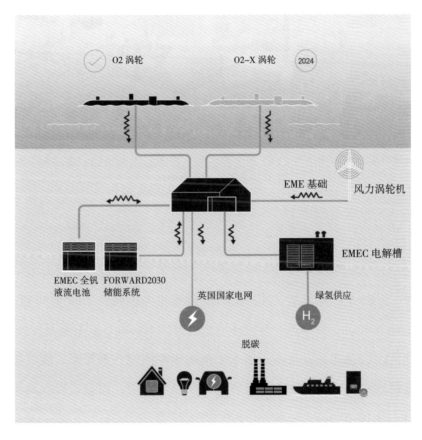

图 10-3　FORWARD2030 项目设计图
数据来源：FORWARD2030 项目网站

（4）中国浙江 LHD 潮流能工程连续运行时间保持全球第一。2022 年 4 月底，世界最大单机容量潮流能发电机组"奋进号"（图 10-4）并网运行，通过浙江省舟山五端柔直工程实现全额消纳。"奋进号"机组总重 325 吨，额定功率 1.6 兆瓦，设计年发电量 200 万度。舟山 LHD 潮流能工程项目首期 1 兆瓦机组已于 2016 年 8 月并入国家电网，截至 2022 年 6 月底，已实现连续不断发电超过 60 个月，送电量超过 250 万千瓦时，运行时间和累计输电量均保持全球第一。

图 10-4 中国浙江 LHD 潮流能工程 1.6 兆瓦发电机组 "奋进号"
数据来源：浙江新闻网

2. 波浪能

波浪能开发尚处早期研发阶段，多种技术蓬勃兴起。波浪能潜在可开发储量庞大，约为 29.5 万亿千瓦时。IRENA 研究显示，波浪能资源最密集的区域位于纬度 30 度至 60 度的深海海域（水深超过 40 米）。受离岸远、开发环境恶劣等因素影响，波浪能开发尚处于早期阶段，预计 2022 年新增装机 3.9 兆瓦，技术发展水平落后于潮流能。近年来，波浪能利用的各种技术蓬勃兴起，震荡式水柱、摆动器及漫溢装置正在稳步发展，而点式吸收器等新兴技术也正在成为热点方向（图 10-5）。

波浪能典型公司及项目：

（1）欧洲企业多采用点式吸收器波浪能发电装置。瑞典 CorPower 公司波浪能发电技术在全球处于领先地位。该公司设计的波浪能装置模仿人类心脏起搏原理，当波浪推动浮漂（半潜式 WEC）向上浮动时，系统内的预张力器（pre-tension system）会将浮漂向下拉回初始平衡位置，从而产生往复运动以驱动发电机运转。此项技术最大优势是结构紧凑，投资成本和操作成本比其他波浪能装置更优。在项目布局上，CorPower 公司拟采用簇状分布结构部署波浪能装置，每簇包含多个半潜式装置，单个装置通过电缆汇集至簇内制定汇集节点，每簇节点的外输功率为 10 兆瓦，采用 33/66 千伏的海上风电并网标准，并通过光纤和无线通信线路

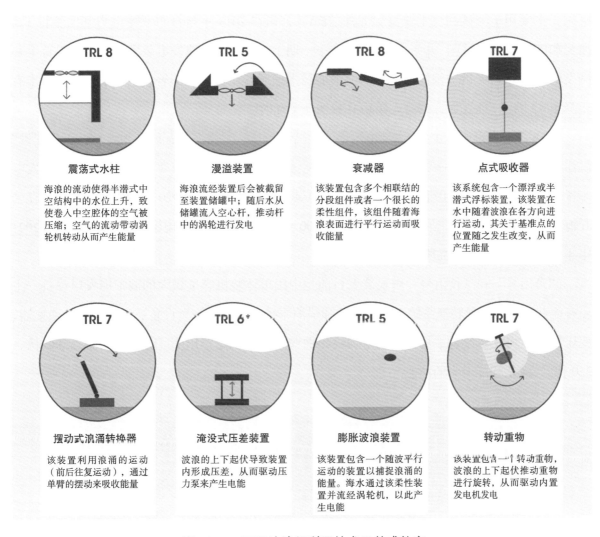

图 10-5　不同波浪能利用技术及其成熟度
数据来源：IRENA

（radio-link）实现节点控制。为了降低成本，CorPower公司拟在海上风电场周围建设波浪能项目，与海上风电项目共享海上升压站或换流站设施，进一步优化度电成本。CorPower 公司已完成概念设计验证和 1∶2 模型水池试验等前期环节，正在进行第四阶段全尺寸原型机陆上试验及海试，技术成熟度即将达到 TRL7，初步具备商业化示范项目建设条件。

（2）以色列 Eco Wave Power（EWP）公司建成世界首个并网发电并签订 PPA 的波浪能项目。EWP 公司采用摆动式波浪转换发电模式，其中悬臂一端连接漂浮装置，另一端通过铰链与固定在岸上的能量转换系统相连。漂浮装置随波浪上下浮动将推动系统活塞往复运动，并将压缩液体存储在液压蓄能器中，增加蓄能器压力。该压力随后推动液压马达以产生电能，而液体工质则通过液体储罐实现回流。EWP 公司目前在以色列雅法港运营一个离网型波浪能电站，主要用于测试和技术改良。此外，EWP 公司在 2014 年与直布罗陀电力部门签订了 5 兆瓦购电协议（PPA），并于 2016 年建成第一期 100 千瓦波浪能发电装置，成为世界首个并网发电并签订 PPA 的波浪能项目；其波浪能技术按照商业化规模部署后，平准化度电成本有望降至 42 欧元 / 兆瓦时，约合人民币 0.32 元 / 千瓦时。

（3）珠海大万山岛 1 兆瓦波浪能示范项目启动测试。"南海兆瓦级波浪能示范工程建设"海洋可再生能源项目——珠海大万山岛 1 兆瓦波浪能示范项目，由 2 台 500 千瓦波浪能发电装置组成，其中首台 500 千瓦鹰式波浪能发电装置"舟山号"于 2020 年 6 月完成交付并在公开海域完成首轮测试（图 10-6）；第二台 500 千瓦鹰式波浪能发电装置"长山号"于 2021 年 4 月交付，正在万山岛附近海域开展测试。

"舟山号"和"长山号"鹰式装置目前是中国单体装机容量最大的波浪能发电设备，主要有俘获系统、能量转换系统、监控系统和锚泊系统。此外，该套设备还配置储能、逆变器、变压器等电力变换设备，具备平滑电力输出曲线、独立稳定输出 10 千伏、3 千伏、380 伏、220 伏及 24 伏标准电力的功能[1]。

图 10-6　500 千瓦鹰式波浪能发电装置"舟山号"
图片来源：中国科学院

① 中科院广州能源研究所 . https://www.cas.cn/yx/202007/t20200702_4751808.shtml.

3. 温差能

温差能资源储量全球最大，但技术尚处验证阶段。温差能资源储量巨大，每年发电潜力可达 44 万亿千瓦时，适宜开发利用的海域主要集中在热带区域。目前，温差能技术还处于示范验证阶段，其利用方式主要包括两种技术，即闭环和开环系统。闭环系统使用低沸点的工作流体（如氨），其在热交换器中蒸发并推动发电机的涡轮转动进而产生电能，随后气态工质与冷水接触后变回液态，循环往复（图 10-7）。开环系统直接利用表层的暖水发电，表层海水首先被泵入一个低压蒸发室，由于压力下降，水的沸点也会随着下降；因此，水在蒸发室中沸腾后，膨胀的蒸汽推动涡轮发电机进行发电（图 10-8）。

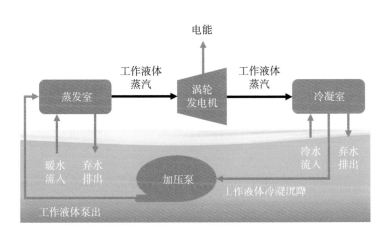

图 10-7　闭环 OTEC 系统工作机理
数据来源：Closed Cycle | Tethys Engineering (pnnl.gov)

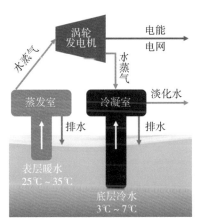

图 10-8　开环 OTEC 系统工作机理
数据来源：U.S. Energy Information Administration

美国、韩国等发达国家技术先进，与资源方合作开发意愿强烈。全球温差能仅韩国和美国在近十年来持续推动温差能的技术示范验证，其中韩国正加快建设兆瓦级示范工程（表 10-3）。韩国 KRISO 研究中心已在韩国部署 20 千瓦温差能发电设备，该项目利用 20℃～24℃温差进行发电并成功验证海洋温差能发电的技术可行性；完成首期 1 兆瓦韩国 - 基里巴斯温差能发电项目部署，其 2000 万美元首期投资来自韩国国际合作局（KOICA）、南太平洋大学等单位。

表 10-3　全球温差能项目情况

单位 / 国家或地区	位置	年份	装机功率（千瓦）	工质	简介
法国 Claud	古巴	1930	22	海水	小型 OTEC，岸上装置
美国	夏威夷	1979	50	R717	小型 OTEC，陆上装置
美国	夏威夷	1981	1000	NH₃	小型 OTEC，岸上装置
东京电力公司与东芝公司	瑙鲁	1981	31.5	Freon-22	在 500 ~ 700 米海水深度，利用 20℃温差进行发电
东芝公司	瑙鲁	1982	120	R22	已停止运转
日本	德之岛	1982	50	NH₃	项目用于科学研究
英国	加勒比海波多黎各	1982	1000	R22	已停止运转
中国台湾	东海岸	1985	5000	NH₃	已停止运转
日本佐贺大学	佐贺	1985	75	—	项目用于科学研究
印度 NIOT	Puerto de Tuticorin	2000	1000	NH₃	Sagar Shakti 海洋发电厂
韩国 KRISO 和 KIOST 研究中心	韩国	2014	20	R32	试验样机
美国夏威夷自然能源实验室（NELHA）	夏威夷	2015	100	NH₃	小型项目为 120 户家庭供电

数据来源：D. Vera et al. Renewable Energy 162 (2020) 1399-1414。

4. 盐差能

海洋盐差能技术难度大、资源储量小，距离商业化部署存在较大距离。盐差能是通过压力延迟渗透（Pressure Retarded Osmosis，PRO）或反电渗析（Reverse Electrodialysis，RED）技术，利用流体之间的盐浓度差异产生能量，其产生的能量与盐浓度差成正比。淡水入海区域非常适合此项技术的部署，但由于地域限制，此项技术的资源储量小，仅为年 1.65 万亿千瓦时。只有荷兰投运了一座 50 千瓦盐差能发电厂，其他国家未有投产项目的公开报道。

PRO 技术通过利用海水和淡水之间的渗透压来发电。海水被泵入压力交换器，其渗透压低于淡水。淡水通过半透膜流向海水侧，增加腔室内的压力，涡轮机在压力补偿时旋转发电（图 10-9）。

RED 技术作用在具有盐度差异的两种物质之间，通过一组交替的阴、阳极交换选择性渗透膜传输（盐）离子。膜之间的隔室交替充满高浓度盐溶液（海水）和低浓度盐溶液（淡水）。

盐度梯度差驱动离子传导，从而产生了电势差，并进一步转换为电能。总电力输出由所有膜的电位差之和决定。在 RED 工艺技术中，两个入口流束（高盐和低盐）被转化为单一的微咸水流。

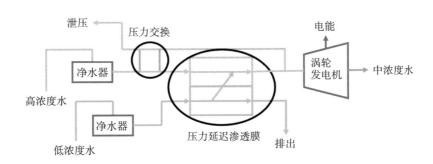

图 10-9　PRO 系统工作机理图
数据来源：U.S. Energy Information Administration

二、海洋能展望

海洋能技术进步较为缓慢，产业高度依赖政策驱动。整体上看，除潮汐能外，世界各国其他海洋能开发技术并未实现实质性突破，产业发展受限。据欧洲海洋能组织（Ocean Energy Europe）的数据显示，欧洲、加拿大、中国和美国是海洋能的主要市场，澳大利亚、日本和智利也在加速崛起。但是，碳中和目标对于海洋能产业的驱动作用尚未明显显现，全球海洋能品种、规模和增速十分有限，各国政策支持力度有待进一步加强。

潮流能技术相对成熟，是中短期海洋能的重点发展方向。在现有海洋能发电技术中，潮流能发展最为成熟。其中，潮汐能发电技术已实现商业化布局，但因受地理位置限制且影响海岸生态，其资源储量和发展潜力有限。安装在海底的离岸式潮流能发电技术正在进入商业化初期，装机规模逐年递增，有望成为继潮汐能之后最先进入商业化阶段的海洋能技术。紧随其后的是波浪能，项目装机容量仅次于离岸式潮汐能技术，且大有赶超之势，发展速度不容小觑。温差能和盐差能均处于技术验证和示范阶段，短期内实现技术突破的可能性较低。在全球能源转型驱动下，预计未来十年，装机容量或快速增长成为增量主力。据 IRENA 预计，到 2030 年海洋能累计装机容量或达到 1000 万千瓦。

第二节　海洋天然气水合物

全球海洋天然气水合物资源量丰富。全球范围内已发现的天然气水合物矿点 230 余处，资源量约 20000 万亿立方米（包括通过钻孔取样直接确证的，通过物探、化探和地质研究等间接证据推断的），为全球常规天然气可采资源量的 42 倍，其中 97% 分布于海洋中（表10-4）。丰富的有机质是形成海洋天然气水合物的基础条件之一，因此海洋中发现的水合物矿藏主要分布在东太平洋、西太平洋边缘，在沉积层位上通常赋存于新生代欠固结岩石中。

表 10-4　全球及重要国家天然气水合物资源量估计

国家 / 地区	资源估计（万亿立方米）
美国	9060
印度	1894 ～ 14572
中国	157 ～ 337
加拿大	44 ～ 809
日本	5 ～ 7
全球	20000

数据来源：《Advances in energy research volume 33》。

一、世界主要国家研究进展

全球海洋天然气水合物研究已从资源勘查转向试验性开采。20 世纪 80 年代后，一些发达国家与能源供需矛盾突出的国家（如日本、德国、英国、法国、印度、美国、中国等）成立了专门的机构，开始投入大量人力、物力及财力，在全球各大陆边缘进行了有关成因机理、资源调查与勘探以及开发技术的研究，旨在探明本国的天然气水合物资源量和未来开采的可行性。

中国、日本引领全球海上水合物试采研究。2013 年以来，中、日两国共进行了 5 次试采，海上水合物资源开发不断取得突破（表 10-5）。

表 10-5　近年来全球海上天然气水合物试采项目

国家	时间	位置	开采方法	持续时间（天）	累计产气量（立方米）
日本	2013 年	南海海槽	降压法	6	120000
日本	2017 年	南海海槽	降压法	12	35000
中国	2017 年	神狐海域	降压法	60	300000
中国	2017 年	神狐海域	固态流化法	—	81
中国	2020 年	神狐海域	降压法 + 加热法	30	860000

世界其他国家海洋天然气水合物研究步伐放缓。美国天然气水合物研究起步最早，于 1968 年在布莱克海台开展了天然气水合物资源调查。1995 年大洋钻探计划（ODP）164 航次钻探获得了海域天然气水合物样品。20 世纪 90 年代，美国地质调查局和能源部开始实施海域天然气水合物研究计划。近年来，美国对水合物开采领域投资有所放缓，但依然重视基础科学研究以及重大国际水合物项目的参与。韩国原计划于 2015 年在郁龙盆地进行的试采工作由于资金问题被推迟，至今未安排。印度计划在 2017 年至 2018 年开展的试采工作目前尚未有相关报道。日本在 2013 年和 2017 年进行了 2 次试采，均成功从海底富砂储层中实现产气，但由于出砂、冰封等原因停产，之后尚未实施新的试采计划。

中国海洋天然气水合物研究处于世界领先地位。中国于 2002 年实施海域水合物资源调查与评价并将南海北部确定为天然气水合物有利区，2007 年在南海神狐海域获得了天然气水合物实物样品，2017 年实现试采并稳定产气和连续开采超过 60 天，2019 年 10 月在神狐海域第二轮试采创造了"产气总量"和"日产气量"两项世界纪录。2019 年，中国海油还利用完全自主研制的技术、工艺和装备，在全球首次成功实施海洋浅层非成岩水合物固态流化试采作业。2021 年 7 月，中国海油对外宣布，国产自主的天然气水合物钻探和测井技术装备，已经顺利在中国特定海域完成海试作业，装备的可靠性得到了验证，使中国天然气水合物的钻探和测井技术迈入了国产化自主时代。2021 年 12 月，中国自主研制的大尺度全尺寸开采井天然气水合物三维综合试验开采系统面世，这是国际规模最大、模拟海深最深、技术水平国际领先的水合物开采试验装备。2022 年 3 月，中国首套水合物侧向蠕变模拟装置实验系统完成验收并投入使用，标志着中国在模拟海洋水合物开采工程地质灾害发生机理及演变规律领域迈出关键一步。

二、海洋天然气水合物技术进展

1. 天然气水合物勘探技术获得重要突破

全球海洋天然气水合物成藏机理研究取得突破。近年来，运用系统论来开展天然气水合物的气体供应、气体运移与天然气水合物形成和消亡之间的内在联系研究，是研究天然气水合物成藏机理的有效手段，指导了天然气水合物勘探、钻探及资源评价，为寻找具有开发价值的高富集海洋天然气水合物矿藏奠定了基础。

海洋天然气水合物识别技术较为成熟。地震调查技术方面，HF-OBS 技术分别在日本冲绳海槽、挪威 Storegga Slide 北部陆缘、中国南海等地水合物勘探中获得成功应用。电磁勘探在海域浅层水合物勘探及层位识别方面取得重大突破。地震资料处理方面，多道或单道地震与 OBS 的联合反演成为研究水合物的有效工具。

随钻测井和钻探取样技术较为成熟。原理上，自然伽马、井径、密度、中子、声波和电阻率测井在天然气水合物层段均有明显反应，为地球物理测井评价天然气水合物提供了基础。2021 年，中国海油主导完成的国产自主天然气水合物钻探和测井技术装备完成新一轮海试，深水钻井系统、新一代随钻测井工具（含随钻四极子声波测试仪器 QUAST）以低成本、高效率支持 2 口天然气水合物评价井的海底井场调查、钻探作业和随钻测井作业顺利完成，为含水合物浅软地层钻探和测井作业提供了范本。

2. 天然气水合物开发技术尚无根本性突破

海洋天然气水合物已经进入试采阶段，但离规模化开发还有很大距离，从基础理论到工程技术，水合物的开发技术尚没有获得根本性的突破，更多的是借鉴常规油气的开发技术和手段进行开发。目前提出的水合物开发方法主要包括降压法、加热法、注剂法（注化学抑制剂法）、二氧化碳置换法、固态流化法、部分氧化法和联合法等（表 10-6）。其中，降压法被认为是最有望应用于水合物商业化开采的方式，在全球范围内的多次天然气水合物试采实验中均有应用。从试采情况来看，降压法在海域天然气水合物开采中是有效的，但产气情况并不理想，无法实现长期高产。

表 10-6　天然气水合物主要开采技术对比表

开采技术	优点	缺点	使用案例
降压法	开采成本较低，无须连续激发，设备简单，操作便利	处于温度与压力平衡边界时才更有效	加拿大麦肯齐三角洲冻土区（2008）、日本南海海槽（2013、2017）、中国神狐海域（2017）
加热法	工艺简单，开采速度快，可控性好	注热流体热损大，能量利用率低	加拿大麦肯齐三角洲冻土区（2002）
注化学抑制剂法	方法简单，使用方便	费用昂贵，作用缓慢，对环境造成污染	俄罗斯麦索雅哈气田（1969）
二氧化碳置换法	开采效率高，可保障环境安全，可存储二氧化碳	施工工艺复杂，技术不成熟，需要二氧化碳气源	美国阿拉斯加（2012）
固态流化法	方法简单，安全性高	产量较小	中国神狐海域（2017）

3. 天然气水合物开采环境影响日益受到关注

天然气水合物开采可能导致一系列环境问题，如温室效应加剧、海洋生态变化、海底滑坡等。近年来，天然气水合物开采对环境的影响越来越受到关注，由于对海洋环境和地质灾害的研究存在成本高、反馈率低等问题，大多数研究不得不依靠基于模拟建模的实验室调查。模拟建模被证明是强大的工具，但前提是具有适当的假设条件和可靠的现场测试数据。越来越多具有单一或多重功能的设备，被用于监测天然气水合物储层的动态。中国围绕试采平台建立了井下、海底、海水及海表大气"四位一体"的环境监测体系，为客观评价试采的环境影响提供了技术支撑。但在全球范围内，用于天然气水合物储层的环境监测系统尚处于初级阶段，未来还需加强数据监测及仿真建模等分析，以进一步评估水合物开采与环境的相互作用。

三、天然气水合物展望

天然气水合物作为资源潜力巨大的清洁能源，具有广阔的发展前景。为推动实现天然气水合物资源商业开发进程，需要做好储层精细刻画、储层响应行为表征、储层行为控制与改造等，以进一步提高天然气水合物预测精度，表征和分析水合物分解、井壁稳定、开采潜能、地层沉降、井内出砂等情况，并降低天然气水合物开采导致的环境和地质风险、提高产气速度、延长高效产气周期。随着相关理论和工程技术的不断进步，天然气水合物开采风险和成本有望不断降低，进而推动其商业化进程。

第三节　海洋太阳能

光伏太阳能是未来低碳能源体系下的主体能源之一。全球普遍存在资源与负荷空间分布不匹配、沿海经济带负荷集中地区可用土地资源有限等问题，海上光伏就能解决这一问题，是未来光伏的发展方向之一。对海上光伏的定义尚不完全统一，本报告主要指海上漂浮式光伏。

海上漂浮式光伏（OFPV）是陆上光伏基本技术形式的延伸。漂浮式光伏电站的开发在光伏电池、组件和送出并网环节与陆上光伏基本一致，主要特点和难点在于漂浮基础的设计与应用，一般由太阳能发电系统、漂浮与锚固系统、专用控制系统和提灌系统组成。

漂浮式光伏相比陆上集中式光伏具有诸多优势但技术尚未完全成熟。漂浮式光伏的优势包括通过水面降温效应提高转换效率（7% ~ 12%）、移除环节更为方便且可以与水产行业结合互补等，但维护操作相对复杂。用于内湖（及内陆水域）漂浮式光伏的浮体技术已接近成熟并实现商业化运营，但海上漂浮式光伏还处于工程示范阶段。漂浮技术从内湖移植到海上需要克服抗海风、抗波浪、抗腐蚀和锚固等方面的技术难题。

海上漂浮式光伏项目造价高但若与海上风电协同开发存在降低总体建设成本的可能性。离岸 10 ~ 40 千米距离的海上风电场区域，考虑共用箱变、集电线路、升压变以及送出线路、锚固，或提供运维船停靠码头，可降低造价、提高收益。

值得注意的是，中国对海上光伏的界定大部分仍属于沿海滩涂地带的桩基固定式光伏。滩涂固定式海上光伏在国际上仍不能算真正意义上的海上光伏。

一、海洋太阳能主要技术路线

1. 浮体式

浮体式漂浮基础是目前海上漂浮式光伏的主流技术路线。采用与内湖漂浮式光伏类似的浮体形式，浮体材料以高密度聚乙烯塑料（HDPE）为主，存在"浮箱 + 支架"或"一体化浮筒"等多种设计方案。浮体式系统可以采用浮体整体方位角跟踪方案，其成本低于陆上电站的方位角跟踪系统（图 10-10）。

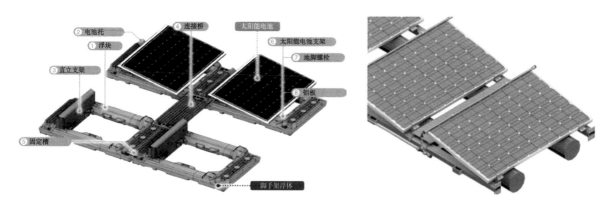

图 10-10　浮体式海上光伏方案
数据来源：Whatever Floats Your Solar（BNEF）

浮体式基础对于内湖环境已被证明具有很好的实用性，海上主要适用于近岸、风浪较平静场景。提供该技术方向的漂浮产品及解决方案的厂商目前主要有 Ciel&Terre（法国）、阳光电源（中国大陆）、瑞赛能源（中国台湾）、Swimsol（奥地利）等公司。

2. 薄膜式

薄膜式漂浮基础是另一种特殊技术路线。薄膜式浮体技术是挪威初创科技公司 OceanSun 的独有专利技术，将光伏电池安装在 20 ~ 50 米直径的聚合物材料弹性薄膜上（图 10-11）。薄膜可承载运维人员和装备从而方便安装维护，同时具有更好的降温特性。该技术方案抗腐蚀能力较好，但单体规模有限，抗复杂海洋条件能力有待进一步证实，相对来说更适用于低纬度地区。

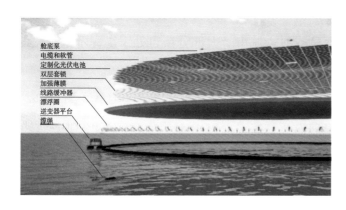
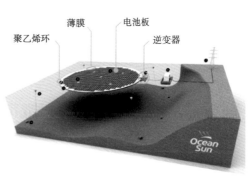

图 10-11　薄膜式海上光伏方案
数据来源：OceanSun 公司网站

3.半潜式

半潜式海上光伏还处于概念和研发阶段。半潜式海上光伏技术方案采用柔性光伏电池，电池本体可随海浪运动以适应海风海浪冲击，同时利用半浸没状态带来的降温特性进一步提高转换效率。该技术概念在2010年就已经提出，但仍处于早期研发设计和实验室验证阶段（图10-12）。从技术形式上看，未来理论上具有部署于深远海的潜力。

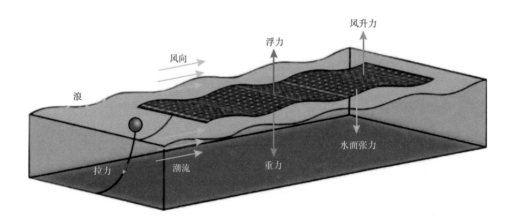

图 10-12　半潜式海上光伏电池概念示意

数据来源：Submerged and Floating Photovoltaics Systems— Marco Rosa-Clot

二、海上光伏发展动态

1.国际发展动态

海上漂浮式光伏项目尚处于发展初期，主要围绕特殊应用场景开发，典型市场为陆上可利用面积非常有限且近岸风浪条件较好的海岛或海边城市。大部分项目处于工程示范阶段，少数进入初步商业化示范阶段。

近几年，以欧洲为主的海上光伏市场呈现出创业公司技术创新引领、新能源公共事业公司和产业基金等投资者协同支持产业化的发展态势，涌现出以浮体、浮块（筒）、浮体 + 支架和薄膜为代表的多个技术路线的领军企业。

（1）SolarDuck。

SolarDuck 是一家荷兰浮式光伏科技公司，其独特的铝制三角形浮式平台已获得 Bureau Veritas 颁发的全球首个海上浮式太阳能认证，每个浮式平台可容纳 20 千瓦的组件，可以像地毯一样跟随海浪上下波动，在确保浮式平台结构完整性的同时，可保证关键电气设备的干燥和稳定，设计使用寿命 30 年（图 10-13）。

 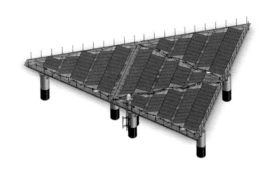

图 10-13　SolarDuck 浮体式海上光伏方案
数据来源：SolarDuck 公司网站

德国莱茵集团（RWE）与 SolarDuck 合作在北海海上风电场建设 Hollandse Kust West （HKW）大型示范项目，计划 2023 年在比利时海域投资建设 0.5 兆瓦海上试点项目，进而推进 5 兆瓦规模的海上光伏与海上风电场的融合试点。

（2）Ocean of Energy（OeE）。

荷兰 OeE 公司的漂浮式光伏设计，基于铰接的长方形浮块，其技术优势在于成本较低且风载荷较小。OeE 公司在北海离岸 15 千米（技术上可达到的最远距离、测试环境最恶劣）的 50 千瓦漂浮式光伏工程验证项目 North Sea 1 已于 2019 年建成（图 10-14）；正在建造 1 兆瓦级示范项目 North Sea 2 部署于北海离岸 12 千米距离，进一步测试其在复杂离岸海洋环境中的适应性。该公司计划下一步扩展至 10 兆瓦级别。

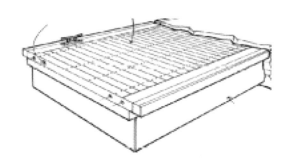 

图 10-14　OeE 浮块海上光伏方案
数据来源：Ocean of Energy 公司网站

155

（3）Ocean Sun。

Ocean Sun 公司的薄膜式浮体技术（图 10-15），在挪威、中国先后建设 750 千瓦的示范性项目（表 10-7）。

图 10-15　Ocean Sun 薄膜式基础海上光伏
数据来源：Ocean Sun 公司网站

表 10-7　全球已建成海上光伏项目示范性项目信息汇总

公司	基础形式	装机量（项目数量）	项目地点	最后竣工时间
Ocean of Energy (OeE)	浮体	50 千瓦（2）	荷兰北海	2019
Swimsol	浮体	200 千瓦（4）	马尔代夫	2015
OceanSun	薄膜	750 千瓦（3）	挪威、中国山东	2022
Sunseap	浮体	5 兆瓦（2）	新加坡	2020

数据来源：公开信息整理。

2. 中国发展动态

海洋光伏电站的发展是突破中国沿海省市土地约束与新能源发展的关键。中长期看，中国内湖漂浮式光伏审批政策趋紧，海上光伏电站应用场景更广泛且环保问题相对不突出，有望成为未来光伏重要发展方向。

截至 2022 年 5 月，中国确权滩涂固定式海上光伏用海项目共 28 个，其中江苏 18 个、山东 4 个、浙江 3 个、辽宁 2 个、广东 1 个。

山东省在海上光伏开发和建设方面走在全国前列，发布了《山东省海上光伏建设工程行动方案》，并提出布局环渤海和沿黄海 2 个海上光伏基地。水利水电规划设计总院发布了《山东省2022年度桩基固定式海上光伏项目竞争配置公告》，总规模为11.25吉瓦。但是，漂浮式海上光伏尚无明确规划。

华润电力东营鲁辰10万千瓦海上光伏项目是山东省首个海上光伏试点项目，总投资5.6亿元，装机容量100兆瓦，计划2022年12月底前全容量并网发电。

国家电投山东半岛南3号海上风电场20兆瓦海上漂浮式光伏500千瓦验证项目是全球首个投用的"深远海"风光同场漂浮式光伏验证项目。该项目离岸30千米，水深30米，采用挪威Ocean Sun公司的弹性薄膜专利技术，于2022年10月31日建成发电。

3. 海上光伏发展展望

海上光伏具有广阔的发展前景，需要进一步优化技术和工程方案，降低成本，加快工程验证和商业化示范，2025年前针对特殊应用场景实现商业化部署，2030年前向更大规模的商业化推进。海上光伏的发展，还需要政府在研发投入、海域空间规划、早期项目补贴、竞争性配置方案和初创技术公司支持等方面尽快出台相关政策，加强国际合作，推动产业健康发展。

第四节　海洋氢能

"海洋氢能"概念正在全球推广。海洋可再生能源开发主要以海上风电为主，随着海上风电开发进入深远海区域，电力送出和能源存储成为普遍难题。为打破深远海可再生能源开发瓶颈，欧洲国家率先提出海上风电制氢模式，发挥氢能作为可再生能源规模化高效利用的重要载体作用及其大规模、长周期储能优势，实现电能向氢燃料的异质能源转化。这种方式能使可再生能源克服电力基础设施的限制，从而获得参与区域乃至全球能源贸易的能力，氢能将成为继LNG之后新的跨境能源商品。

海上风电制氢产业已进入技术示范阶段。海上风电制氢到2025年前大规模商业化推广的可能性不高，主要源于经济性不足、氢气终端需求尚未有效激活、政府补贴政策滞后等因素。但是，与其他可再生能源相比，海上风电制氢具有四大优势：一是海上风电项目规模大，制氢能力优势明显。规模化发展是海上风电行业的显著趋势，技术进步使得风力发电机组单机容量已经攀升至10兆瓦以上，百万千瓦装机量的风场数量逐年增加，项目规模叠加充沛的年发电小时数使得规模化"绿氢"生产成为可能。二是毗邻水源地，氢气生产原料供应充足。

"绿氢"生产主要依赖电解水制氢技术，其中电力和水源是氢气生产的核心原料。海上风电项目场址周围海水资源丰富，项目可通过成熟的淡化技术对海水进行预处理，并利用自产电能进行电解制氢，原料成本低廉且供应充足。三是贴近氢气需求中心，储运难度和成本相对较低且消纳有保障。沿海地区经济发展水平普遍较高、工业规模大且环保政策相对严格，该类地区氢气需求量未来增长可期，海上风电项目选址往往靠近经济相对发达的用能负荷中心，保障海上风电制氢的消纳，降低氢气储运的成本。四是补贴政策叠加氢气销售或提升海上风电项目收益。海上风电制氢有潜力弥补平价时代项目收益率不足的问题，风场不仅通过售电获利，还通过富余电能或低谷时段电能制氢来获得额外收入；此外，政府在未来出台关于"绿氢"项目的财政补贴或税费减免等举措可能性较高，为海上风电制氢项目提供额外发展动力。

欧洲国家正在引领海上风电制氢产业发展。欧洲国家环保监管力度日益加大，沿海工业园区脱碳需求激增。欧洲北海港口群集聚了全球重要炼油、化工和钢铁企业，是典型的氢能消费中心，大量绿氢需求正在带动海上风电制氢产业发展。丹麦、荷兰、英国等国家毗邻北海海域且海洋可再生能源资源丰富，面对新能源在电网渗透率提升而传统电力系统调节能力不足的情况下，发电企业通过培育制氢业务，提升可再生能源消纳水平。由丹麦沃旭能源公司投资建设的首个商业化海上风电制氢示范项目 H2RES，将利用哥本哈根 Avedore Holme 港口的两台 3.6 兆瓦的海上风机配合 2 兆瓦电解槽在岸上进行"绿氢"生产，预计投产后"绿氢"产能可达到 1000 千克 / 天。

中国海上风电制氢起步较晚，尚处概念论证阶段。随着中国海上风电向深远海集中连片规模化开发，离网型的集中式或分布式制氢方案是未来发展的主要方向。中国海上风电制氢从 2020 年起步，在"双碳"目标和相关政策指引下，各级政府关注产业发展，企业正加快相关布局，海上风电制氢项目也蓄势待发。

一、电解水制氢技术

各类电解水制氢技术成熟度不一，规模化应用是大势所趋。电解水制氢技术根据电解质不同可以分为碱性水电解（ALK）、质子交换膜电解（PEM）及固体氧化物电解（SOEC）三种主流制氢方式（表 10-8）。碱性水电解、质子交换膜电解均已实现商业化，其电解槽成本在制氢系统设备成本中占比分别为 50% 和 60%，电费成本则分别占制氢总成本的 86% 和 53%。两种技术的成本差异，主要体现在商业化发展阶段和制氢规模上。碱性电解槽已实现国产化，价格为 2000 ～ 3000 元 / 千瓦，约为进口价格的一半，中国碱性水电解制氢应用已经达到兆瓦级水平。质子交换膜电解槽由于关键材料和技术依赖进口，价格为 7000 ～ 12000 元 / 千瓦，单槽制氢规模较小，国内尚处于中试阶段；国外已有兆瓦级商业化应用，如欧盟 H2Future 氢能旗舰项目 "林茨 6 兆瓦电解制氢示范工程"。固体氧化物制氢技术在国外已有小规模商业化示范项目进入规划阶段，而国内尚处技术研发阶段，短期内尚不具备大规模推广应用条件。

表 10-8　三种电解槽性能对比

电解池类型	碱性水电解槽	质子交换膜电解槽（PEM）	固体氧化物电解槽
工作温度（℃）	60 ～ 80	50 ～ 80	650 ～ 1000
电解效率（%）	60 ～ 75	70 ～ 90	≥ 85
制氢能耗（千瓦时 / 标准立方米）	4.5 ～ 5.5	4.0 ～ 5.5	<3.5
电堆寿命（小时）	60000 ～ 90000	20000 ～ 60000	<10000
技术成熟度	商业化	国外已商业化，国内处于中试阶段	国内处于技术研发阶段，国外处于商业化示范初期
电解槽成本（元 / 千瓦）	2000 ～ 3000（国产）6000 ～ 8000（进口）	7000 ～ 15000（进口）	>15000
动态响应能力	较强	强	较弱
占地面积	较大	较小	较大
电源质量要求	稳定电源	稳定或波动电源	稳定电源
特点	技术成熟，成本低，易于规模化应用，但设备占地面积大，耗电量高，需要稳定电源	占地面积小，间歇性电源适应性高，与可再生能源结合度高，但设备成本较高，依赖铂系贵金属做催化剂	高温电解耗能低，不依赖贵金属催化剂，但电极材料稳定性较差，需要额外加热

数据来源：中国电动汽车百人会、行业调研信息。

碱性水电解技术成本优势明显，质子交换膜电解技术与新能源匹配度高。可再生能源电力具有显著波动性、间歇性和周期性特征，这对于电解水制氢系统的实时响应性能提出更高的要求。从主流三种电解水技术的响应时间（图 10-16）比较分析看，质子交换膜电解（PEM），电解槽实时响应速度要明显优于碱性水电解槽和固体氧化物电解槽，适合与可再生能源电力配合制氢，特别是受空间限制的海上风电制氢场景。欧盟规划质子交换膜电解水制氢逐渐取代碱性水电解制氢的发展路径，即 2020—2024 年安装超过 600 百万千瓦的 PEM 电解槽，年产氢量达百万吨规模；2025—2030 年，建设 4000 万千瓦的 PEM 电解槽，年产氢量达千万吨规模；2030—2050 年，"绿氢"产业趋于成熟，氢能在多个行业得到大规模应用。[1], [2]

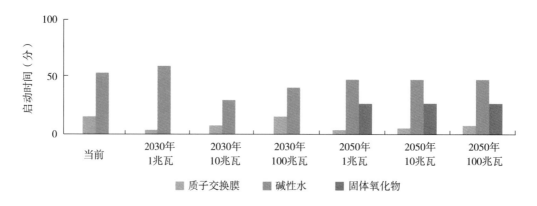

图 10-16　三种电解槽启动时间对比
数据来源：IRENA

海水直接电解制氢技术面临三道门槛，但已成为当前重要研究方向之一。海水在不经过淡化的情况下，实现海水直接电解制氢，将进一步提升海上可再生能源和海水资源的利用水平。该技术面临关键难题：一是抗腐蚀电极，二是连续工作电解系统。为了推动海水直接电解制氢技术的商业化应用，深圳大学深地科学与绿色能源研究院和深圳市深部工程科学与绿色能源重点实验室已建立专门研究平台攻关此项技术，而中广核、明阳智慧能源等公司也计划联合广西地方政府和企业推进海水制氢技术产业化。

二、海上风电制氢模式

海上风电输电上岸电解制氢模式是主流选择。海上风电制氢按照制氢设备所处地理位置可以划分为两大类，即岸上制氢和海上制氢（图 10-17）。岸上制氢，需要首先将海上风电通过海底电缆输送至岸上制氢工厂，再利用城市工业用水进行电解水制氢工作；海上制氢，则需要将海水进行淡化处理后在海上实现电解制氢过程。海上制氢的输氢问题是主要难度之

---

① 俞红梅，邵志刚，侯明，衣宝廉，段方维，杨滢璇. 电解水制氢技术研究进展与发展建议. 中国工程科学. 2021；23（2）：146. doi:10.15302/j-sscae-2021.02.020.

② Fuel Cells and Hydrogen Joint Undertaking (FCH). Hydrogen Roadmap Europe.; 2019. doi:10.2843/249013.

一，主要解决方法是采用海底管道输氢、船舶输氢两种方式。当氢气输送至岸上后，氢气一般需要在储氢单元中暂存或直接通过输氢管道对外输氢。根据已公开信息整理，主流的海上风电制氢进一步细化为四种模式（图 10-18）。

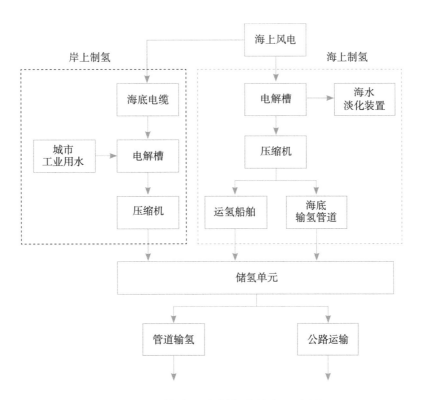

图 10-17　海上风电制氢全流程示意图

1. 通过海底电缆输电至岸上制氢

该制氢模式为当前主流选择，技术门槛较低、发电和制氢模式可以实现有效互补，但在经济性上是否比其他模式更具竞争力还有待进一步验证。

2. 海上制氢用于调频调峰

在风电场址配置电解制氢、储氢及燃料电池系统，利用多余电能现场制氢和储氢，当电力输出特性波动较大时，利用燃料电池发电，原地将电能反输回电网以达到优化调节电力输出特性的目的。

3. 海上制氢站制氢汇集管输上岸

风电场址建设海上制氢站，通过内部电缆统一将风场电能汇集至制氢站制氢，再通过海底管道输氢。

4. 风机内置电解槽现场制氢配合管道输氢

该模式还处于技术论证阶段，德国莱茵集团（RWE）计划 2023 年之前在波罗的海吕根岛的穆克兰港口测试 2 台装有内置电解槽的西门子歌美飒 14 兆瓦原型机，用于验证该技术可行性。

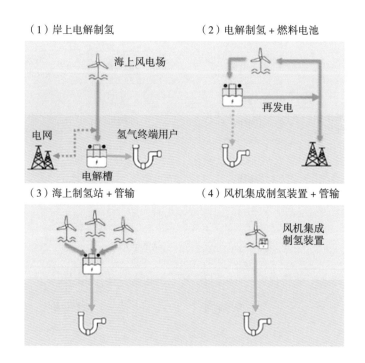

图 10-18　海上风电制氢主流模式总结

数据来源：Bloomberg New Energy Finance. Hydrogen From Offshore Wind，2021.

三、海上风电制氢经济性概况

规模化发展海上风电制氢项目是解决经济性不佳问题的重要手段。鉴于海上风电制氢项目尚处于概念设计和示范项目建设阶段，主要经济性数据来自模型计算。苏格兰海上风电制氢三种不同情景（表 10-9）通过 Xodus 经济模型计算得出不同情景下的平准化制氢成本（LCOH）[1]。根据该模型结果，2025 年计划投产的 14 兆瓦单台风机制氢配合船舶运氢示范项目的制氢成本约为 6.2 英镑 / 千克，约合 55.8 元 / 千克；2028 年计划投产的 500 兆瓦商业化项目采用海底电缆输氢上岸制氢模式的制氢成本约为 2.9 英镑，约

---

① Scottish Government. Scottish Offshore Wind To Green Hydrogen Opportunity Assessment. 2022，Vol 44.

合 26.1 元 / 千克；2032 年计划投产的 1000 兆瓦商业化项目采用海上制氢汇集管输上岸模式的制氢成本约为 2.3 英镑，约合 20.7 元 / 千克。可见，海上风电制氢项目的经济性受项目规模、输氢模式和投产时间等因素影响较大，而规模化发展则是提升项目经济性的主要途径。

表 10-9　苏格兰海上风电制氢模型结果

项　　目	场景一	场景二	场景三
年份	2025	2028	2032
风场容量（兆瓦）	14	500	1000
氢气产量（吨 / 天）	3	119	276
平准化制氢成本（元 / 千克）	56	26	21

数据来源：Scottish Offshore Wind to Green Hydrogen Opportunity Assessment。

四、全球海洋氢能项目进展

荷兰 Iv-Offshore & Energy 推出海上风电制氢平台设计。2022 年 8 月，总部位于荷兰的工程公司 Iv-Offshore & Energy 设计了一款最新的海上制氢平台。该平台的电解槽容量为 500 兆瓦，生产能力为每小时 10 吨绿色氢气。海上制氢平台的上部平台尺寸为长 80 米、宽 40 米、高 30 米，与该公司为莱茵集团设计的英国 1.3 吉瓦索菲亚海上风电场高压直流换流站规格相当。平台整体重量（包括上部平台和导管架基础）约 2.1 万吨，安装在水深 45 米的海域。海上制氢平台的完整设计已完成，包括电解槽系统集成、导管架和辅助系统等（图 10-19）。

Holland Hydrogen I 或成为欧洲最大海上风电制氢工厂。2022 年 6 月，壳牌荷兰公司（Shell Nederland）和壳牌海外投资公司（Shell Overseas Investments）宣布决定建造 Holland Hydrogen I 项目，预计在 2025 年投入运营，或将成为欧洲最大的绿氢生产工厂。200 兆瓦的 Holland Hydrogen I 电解厂将在荷兰鹿特丹港的 Tweede Maasvlakte 建造，电力将来自于 759 兆瓦的 Hollandse Kust Noord 海上风电场。氢气外输将通过 40 千米 HyTransPort 管道，为壳牌鹿特丹能源和化学工厂提供"绿氢"，取代炼油厂的部分灰氢。

图 10-19　荷兰海上制氢平台示意图
数据来源：海洋清洁能源资讯

五、海洋氢能展望

碳中和愿景驱动电解水制氢规模大幅增长。随着风电、光伏等非水可再生能源发电技术加速降本，各国正在加速推动可再生能源电力与电解水制氢技术的耦合应用，积极培育可再生能源制氢产业，为"绿氢"的大规模生产和供应提供全方位的支持。根据 IEA 预测，全球电解水制氢装机规模在 2022 年年底或达到 140 万千瓦以上，到 2030 年前或增至 1 亿千瓦以上，发展潜力十分可观。

全球沿海城市正在加快构建海洋氢能生态。沿海地区经济较为发达，工业规模大，并且环保政策相对严格，将成为未来氢能的主要消费市场。海上风电制氢项目毗邻沿海发达地区，储运距离短，能够有效解决"绿氢"供需的区位错配难题，有望成为未来"绿氢"生产的重要来源之一。欧洲发达国家正在加速建设北海海域的海洋氢能产业集群，中国沿海省市也已将海上风电制氢技术以及建设海上能源岛等内容纳入能源规划，海洋氢能生态正在全球范围逐步构建。

第五节　海洋生物质能

生物质是目前仅次于煤炭、石油、天然气的世界第四大资源。中国生物质资源禀赋大，海洋生物质资源也比较丰富，藻类等盐生植物是目前海洋生物质能源的主要品种。

一、微藻生物质资源

微藻生物质资源丰富，具有光合作用效率高、生长繁殖快、生物产量高、生长周期短和可自身合成油脂等特点。地球上每年产生 1460 亿吨生物质，大约 40% 由藻类光合作用产生。

海洋生物质资源总量每年达到 550 亿吨，主要由海洋中的水生植物（主要是藻类）通过光合作用产生。中国拥有 299.7 万平方千米的海洋面积，发展海藻生物质能的空间十分广阔。微藻的生长能固定大量二氧化碳，燃烧时不排放有毒气体，1 平方千米的海藻养殖场每年可处理 5 万吨二氧化碳。假设中国海洋面积的 5% 用于养殖微藻，理论上能固定中国燃煤排放的 70 多亿吨二氧化碳，并生产 38 亿吨生物质。

微藻的光合作用效率是地球生物中最高的（倍增时间 3 ~ 5 天），是陆地植物的 10 ~ 50 倍，不仅可生产生物柴油或乙醇，还有望成为生产氢气的新原料。微藻含有 20% ~ 70% 的脂类、可溶性多糖等制备液体燃料的良好原料，因此其热解所得的生物质燃油具有热值高的特点，是农林生物质热值的 1.6 倍，并且燃烧时不排放硫等污染物。

二、海洋生物质能利用

1 微藻制生物柴油

微藻生物柴油技术，首先包括微藻的筛选和培育，获得性状优良的高含油量藻种，然后在光生物反应器中吸收阳光、二氧化碳等，生成微藻生物质，最后经过采收、加工，转化为微藻生物柴油。微藻生物柴油的制备方法大致分为酸催化法、碱催化法、酶催化法、超临界法四种（表 10-10）。

表 10-10　四种微藻制生物柴油制备方法优劣势对比

方　法	催化剂	优　势	劣　势
酸催化法	H_2SO_4、HCl		反应速度慢，对反应设备要求高
碱催化法	NaOH、KOH	反应速率高，对环境无污染，催化剂可重复使用	生产工艺流程复杂，能耗高
酶催化法	脂肪酶	反应速率更高，且反应产物无污染，较易分离	催化剂使用成本高，容易失去活性
超临界法	—	高溶解性，反应速度快，反应时间较短，不需要催化剂	操作条件较高，难以大规模工业应用

2. 微藻制氢气

藻类细胞存在一种氢酶，当氢酶被激活的同时藻类进行光合作用可以产生氢气。氢酶对氧气十分敏感，在有氧的情况下，氢酶迅速失去活性。所以在光照充足的条件下，藻类通常进行光合作用产生氧气。氢酶被激活产生氢气是藻类应对厌氧状态的一种应激反应。

3. 大型海藻制乙醇

大型海藻通过发酵产生生物乙醇燃料，是一种碳中性的清洁能源。大型海藻为生物质原料制生物乙醇，不需要土地作为基础，生长速度快，繁殖周期短，可持续生产生物燃料。中国发展大型海藻生物质能的基础扎实，具有发展优势。中国的海岸线长，分布着大量暖温带、亚热带、热带和少数冷温带以及极少数北极的大型海藻，资源十分丰富；在大型海藻栽培和养殖方面达到国际领先水平，积累了一批具有高产能前景的藻种资源。

（本章撰写人：张　岑　邹梅妮　孔盈皓　张亦弛　王　萌

审定人：王学军　孙洋洲　王　恺）

海洋工程

第十一章　海洋油气工程装备

第一节　海洋油田服务装备回顾与展望

本节主要研究用于勘探开发生产、反映产业景气度的海洋油田服务装备，包括移动钻井装备、三用工作船、平台供应船及 FPSO 四大类。

一、全球海洋油田服务装备

1. 2022 年全球海洋油田服务装备市场总体保持乐观

2022 年，受油气价格居高不下和能源安全等因素的影响，全球海洋油气投资持续增加，国际油服行业指数继续震荡上行，油田服务装备市场在 2021 年复苏的基础上持续向好发展。

海洋油田服务装备市场进一步提振。2022 年，随着海洋油气投资加大加速，海洋油田服务装备需求进一步提升；过去 5 年装备新增量少，同时拆解量较大，提振了海洋油田服务装备利用率；装备利用率创近几年新高，接近 2015 年水平。移动钻井装备、大于 4000 马力三用工作船、大于 1000 载重吨平台供应船、FPSO 的需求量分别为 529 座（同比增加 9.1%）、1277 艘（同比增加 13.1%）、1150 艘（同比增加 13.7%）、180 艘（同比减少 5.2%），利用率分别为 63%、70%、70%、85%（图 11-1）。只有 FPSO 的需求量略有减少。

新交付装备数量有所增长但仍处于低位。2022 年，延续全球油气上游资本支出增长趋势，作业日费和利用率有所增加，油服公司的收入和盈利能力进一步恢复，全球新交付的海洋油田服务装备数量大幅增长，同比增长 43%。但是，持续受到装备过剩的影响，市场竞争仍然比较激烈，新交付装备数量仍处于较低水平。移动钻井装备、大于 4000 马力三用工作船、大于 1000 载重吨平台供应船、FPSO 的新交付数量分别为 16 座、25 艘、32 艘、10 艘（图 11-2）。

169

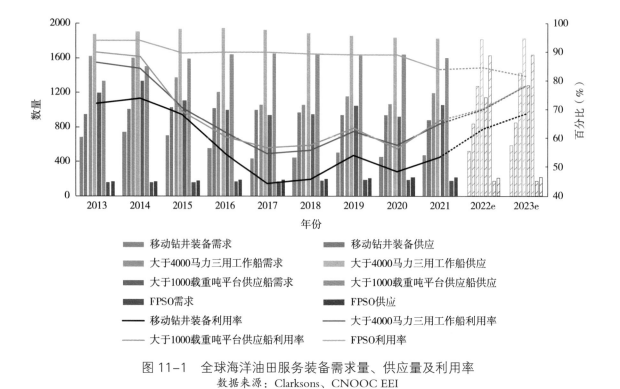

图 11-1　全球海洋油田服务装备需求量、供应量及利用率
数据来源：Clarksons、CNOOC EEI

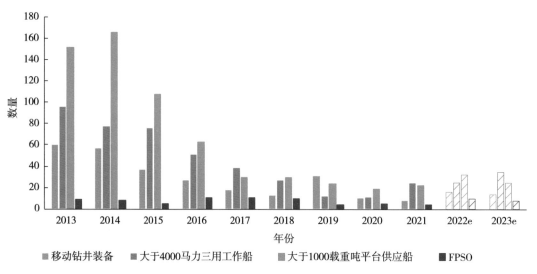

图 11-2　全球海洋油田服务装备新交付数量
数据来源：Clarksons、CNOOC EEI

2. 2023 年全球海洋油田服务装备市场需求将创近年新高

2023 年，国际原油价格仍将处于高位，海洋油气投资延续增长趋势，海洋油田服务装备市场需求将进一步提振，但仍处于过剩状态。受装备过剩、融资挑战、绿色技术选择等不确定因素的影响，新订单的潜力仍相对有限。

海洋油田服务装备利用率将创近年新高。受新交付装备投入数量较少、前期拆除装备数量较多等因素制约，装备利用率将再创近年新高，可能恢复到 2015 年水平。预计移动钻井装备利用率、大于 4000 马力三用工作船利用率、大于 1000 载重吨平台供应船利用率分别为 69%、78%、78%，同比增长幅度均超过 6 个百分点；由于其新投入数量增加，需求略微减少，FPSO 的利用率将由 2022 年的 85% 下降到 82%。

新交付装备数量将小幅降低。美元指数高位运行，主要国家主权货币对美元贬值，将导致 2023 年的新订单相对有限。叠加新能源装备投资增长和未来装备选择低碳新技术路线的不确定性，预计 2023 年新交付的海洋油田服务装备 79 艘（座），同比减少 4.8%。

二、中国海洋油田服务装备

1. 2022 年中国海洋油田服务装备供需两旺

中国海洋油田服务装备体系建设基本完成。中国已经具备从浅水到 3000 米水深的作业能力，有力推动了海洋油气资源的自主开发。2022 年，中海油服投资建造的 12 艘 LNG 动力守护供应船全部投入运营，开启了中国油田服务装备采用清洁能源的先河，跨入全球油田服务装备先进水平的行列。

海洋油田服务装备规模继续扩大。2022 年，中国继续加大海洋勘探开发的投入，进一步提高海洋油气增储上产力度，海洋油田服务装备需求仍处于高位，海洋油田服务装备大国基础进一步夯实。移动钻井装备、三用工作船、平台供应船、FPSO 的数量分别为 67 座、220 艘、69 艘、19 艘（图 11-3）。

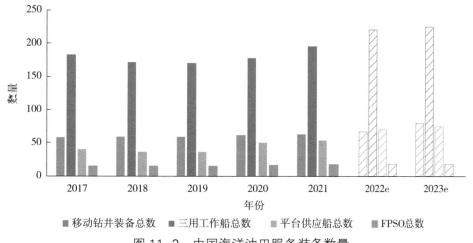

图 11-3　中国海洋油田服务装备数量

数据来源：Clarksons、CNOOC EEI

装备清洁能源利用跨入国际先进水平。随着中海油服的 12 艘 LNG 动力守护供应船投入运营，中国油田服务装备进入清洁能源利用领域。

装备规模保持全球领先。随着中国海洋油气产量的持续增长，中国海洋油田服务装备规模稳步增加。2022 年，移动钻井装备、三用工作船、平台供应船、FPSO 的数量在全球排名分别为第 4 名、第 3 名、第 7 名、第 5 名（图 11-4）。

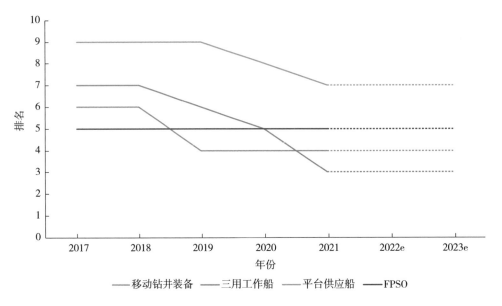

图 11-4 中国海洋油田服务装备全球排名
数据来源：Clarksons、CNOOC EEI

装备利用率好于全球平均水平。移动钻井装备利用率高于80%，三用工作船、平台供应船、FPSO 利用率均高于 90%，持续优于国际市场同类装备的利用率。

2. 2023 年中国油田服务市场继续保持向好态势

2023 年，中国海洋油气产业持续发展，对装备需求仍将保持旺盛态势。

装备需求保持旺盛态势。海洋油气投入加大，海洋油气产量将持续增加，利好油田服务装备需求，需求增长动力强于全球。

装备规模持续扩大。预计移动钻井装备、三用工作船、平台供应船合计增加 24 艘（座），FPSO 数量增加 1 艘。

利用率继续高于国际市场。预计移动钻井装备利用率高于80%。三用工作船、平台供应船、FPSO 的利用率将高于 92%，同比增加 2 个百分点。

需关注的新技术动态。海上 CCUS 技术发展，国际海事组织推广甲醇燃料技术，氨气将作为船舶燃料的绿色技术。

第二节 海洋工程服务装备回顾与展望

海洋工程服务装备主要分为起重船、铺管船、水下支持船、工程辅助船，其中工程辅助船包括各类驳船、工程和生产支持船。本节主要研究用于海洋工程服务的主力装备：起重船、铺管船、水下支持船三大类。

一、全球海洋工程服务装备

1. 2022 年市场逐步复苏

受近两年中高位油价影响，海洋工程服务装备市场需求逐步复苏，装备利用率开始回升，但仍在低位运行。

装备规模略有增长，贡献来自起重船、水下支持船。2022 年，海洋油气景气度上升，新冠肺炎疫情前的订单陆续交付，海洋工程服务装备数量同比小幅增长 2.5%，主要贡献来自起重船、水下支持船。起重船、铺管船、水下支持船的数量分别为 91 艘、151 艘、365 艘（图 11-5）。

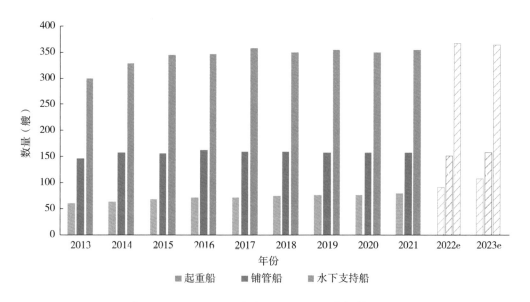

图 11-5 全球海洋工程服务装备数量
数据来源：IHS Markit、CNOOC EEI

起重船新交付数量增加较多，水下支持船略微增长。受油气投资增长、能源安全的积极影响，海洋工程服务装备市场向好，海洋工程船舶的总体规模略有扩大，起重船、水下支持船的新交付数量分别为 12 艘、4 艘（图 11-6）。

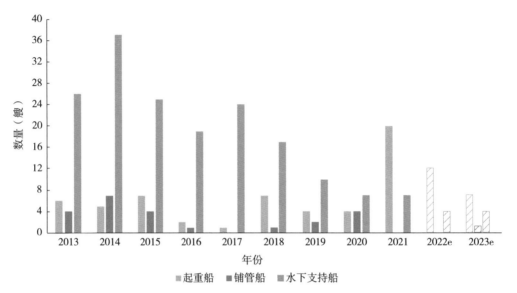

图 11-6　全球海洋工程服务装备新交付数量
数据来源：Clarksons、CNOOC EEI

利用率开始回升，但仍处在低位。2022 年，海洋油气开发逐渐进入工程施工阶段，海洋工程服务装备利用率开始回升。铺管船、水下支持船的船天利用率均有回升，分别为 37%、55%，同比增加 1 个百分点、7 个百分点。用于海上风电安装的起重船数量，因近年来大量专业海上风电安装船投入使用而减少，起重船的船天利用率也随之同比下降 4 个百分点，预计为 37%（图 11-7）。

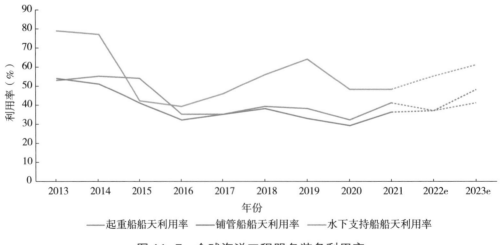

图 11-7　全球海洋工程服务装备利用率
数据来源：IHS Markit、CNOOC EEI

2. 2023 年市场继续向好

2023 年，预计国际原油价格继续处于高位，海洋油气投资也将维持较高水平，提振全球海洋工程服务装备需求，市场将持续复苏。

利用率将持续提升。2023 年，平台安装、上部模块吊装、退役油气田设施拆除，将提振起重船的市场需求，起重船利用率将达到 41%，同比增加 4 个百分点；黑海 Sakary 等大型油气田对铺管船的需求增加，部分油公司开始为部分后续项目预定铺管船，铺管船利用率将达到 48%，同比增加 11 个百分点；传统海洋油气、海上风电和油气田的退役都是水下支持船需求增长的积极因素，水下支持船利用率将达到 61%，同比增加 6 个百分点（图 11-7）。

新交付数量同比减少。起重船、水下支持船合计新交付 12 艘，比 2022 年减少 4 艘（图 11-6）。

船舶新技术值得关注。应积极关注海上 CCUS 对新兴海洋工程服务装备技术的需求。

二、中国海洋工程服务装备

中国海洋工程服务装备作业能力基本可保障国内生产需要。2022 年，中国海洋工程服务装备市场进一步复苏，装备利用率进一步提升。

1. 2022 年中国海洋工程服务装备利用率是全球亮点

装备规模持平。2022 年，中国继续加大海洋油气增储上产的力度，不断提升对海洋工程服务装备的市场需求。各类海洋工程服务装备达到 47 艘，比上一年增加 2 艘（图 11-8）。

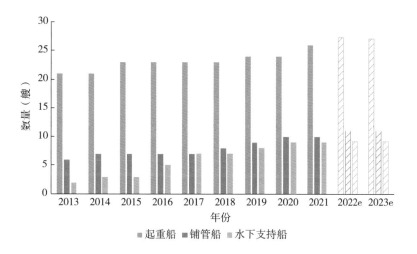

图 11-8　中国海洋工程服务装备数量

数据来源：Clarksons、CNOOC EEI

利用率高于国外同类装备水平。起重船、铺管船、水下支持船的利用率分别为 75%、85%、74%，优于全球平均水平，为全球亮点。

2. 2023 年中国海洋工程服务装备市场将进一步复苏

市场需求将持续增长。2023 年，中国持续加大海洋油气田的增储上产力度，更高的产量目标对海洋工程服务装备提供持续需求保障。海上风电安装船处于过剩状态，从而致使用于海上风电安装的起重船需求下降。

装备数量将维持现有规模。海洋工程公司由于财务压力，对海洋工程服务装备的投入获利信心也尚需提升，2023 年装备数量将维持现状。

市场新需求值得关注。应关注海上风电场的海底电缆铺设对装备的需求。

（本章撰写人：陆忠杰　审定人：徐本和）

第十二章 海上风电工程装备

第一节 海上风电工程装备总体情况

海上风电工程装备，主要分为海上风电专用工程船、建设服务船两大类。

海上风电专用工程船，主要包括风电安装船（WTIV）和运维船；风电安装船是专门从事风机安装的船，含部分中国改装的自升式平台；运维船可分为尺寸较大的运维母船（CSOV/SOV）、步行作业船（W2W）、人员转运用普通运维船（CTV）。2022 年，全球共有海上风电专用工程船 755 艘，同比增长 8.9%。其中，WTIV 80 艘，CSOV/SOV 33 艘，W2W 42 艘，CTV 600 艘（图 12-1）。

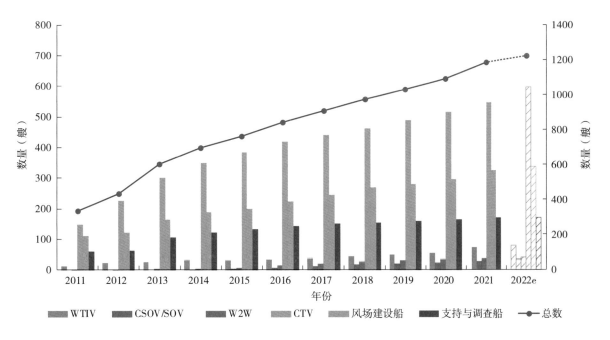

图 12-1 海上风电工程船舶数量

数据来源：Clarksons、CNOOC EEI

风电建设服务船，主要分为风场建设船、支持与调查船两类，担任地质勘查、基础安装、运输、铺缆等任务。其中，风场建设船包括起重船、铺缆船、多用途船、自升式平台、挖泥船等，支持与调查船包括调查船和海上支持船。

第二节 海上风电安装船回顾与展望

一、2022年全球海上风电安装船回顾

1. 船舶市场进入蓄力期

新增数量回归历史常态。2022年，中国海上风电从抢装潮回归平稳发展，海上风电安装船交付主要以前两年订购的新建船舶为主，预计将交付 5 艘。新服役的海上风电安装船比上一年减少 14 艘（图 12-2）。

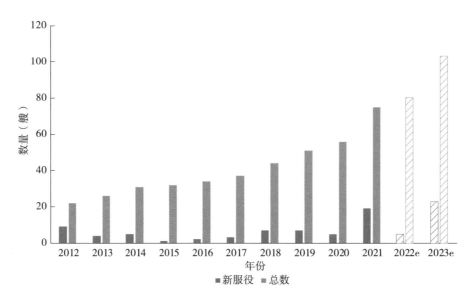

图 12-2 全球海上风电安装船新服役数量和总数
数据来源：Clarksons、CNOOC EEI

订单数量再创历史新高。海上风电安装船从订单至服役大约需要 4 年时间。2022 年，基于对 4 年后安装船市场紧张的预期，新增订单和手持订单均延续走强趋势；预计新增订单 25 艘，比上一年多 2 艘，创下历史新高（图 12-3）。

新订单吊装能力升级。2022 年，海上风电安装船新订单的船舶总吨位超过万吨，总长超过 100 米，主吊均大于 1200 吨，吊高超过 160 米，可适用于 16 兆瓦级以上机组吊装。新订单吊装能力，从 12 兆瓦级提升至 16 兆瓦级以上风机安装。

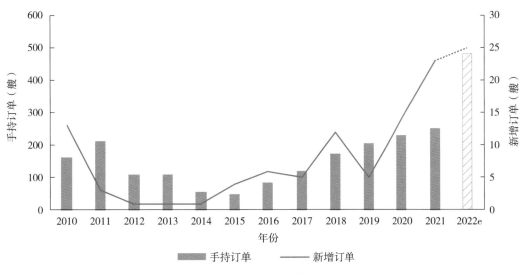

图 12-3　全球海上风电安装船新增订单与手持订单数量
数据来源：Clarksons、CNOOC EEI

2. 利用率回归合理区间

利用率呈宽幅震荡走势。2022 年，全球海上风电安装船的利用率处于近十年的较低水平。利用率从年初的 80% 快速下降至 55% 的较低水平，随后震荡上行至 70% 左右；利用率反弹速度好于 2020 年，但显著慢于 2021 年（图 12-4）。

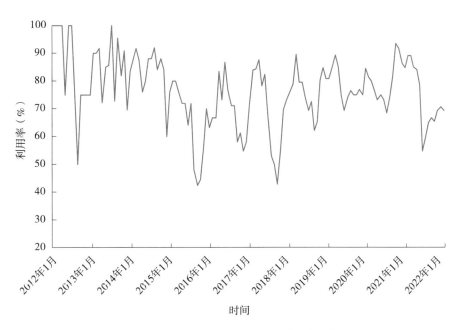

图 12-4　全球海上风电安装船利用率
数据来源：Clarksons、CNOOC EEI

船舶租金呈现分化态势。2022 年，海上风电安装船的租金保持 2021 年 5 月以来的高位水平。机组大型化后，不同安装船租金走势分化，第一代安装船租金稳中有降，为 3.25 万 ~ 5 万欧元 / 天；第二代安装船租金保持平稳，为 11 万 ~ 16.5 万欧元 / 天；第三代安装船租金上涨幅度较大，达到 12.5 万 ~ 20 万欧元 / 天，同比增长 18%。

二、2023 年全球海上风电安装船展望

1. 服役数量将再创历史新高

2023 年，由于近两年订单集中交付，全球海上风电安装船的新增服役数量将再创新高，预计超过 23 艘，打破 2021 年创下的纪录。

2. 运装一体安装船成为主流

运装一体技术，可提高单船作业能力和整体施工作业效率。海上风电安装船手持订单中大量采用这种技术。随着风电场场址离岸距离的增加，安装船舶吨位和甲板面积的增加，运装一体安装船舶将成为主流。

3. 大吊力成为市场主力

2023 年以后，随着小型海上风电安装船的退役和大量新订单交付，具有 16 兆瓦级以上风机安装能力的大吊力船舶将成为市场主力类型。

4. 低碳动力成为主流配置

海上风电安装船新建船舶强调高效低碳，电池动力船舶订单数量逐步增多，部分船舶预留甲醇、LNG、氨燃料作为动力。未来低碳动力将成为标配，新型低碳船舶最早可在 2024 年服役。

三、2022 年中国海上风电安装船回顾

1. 数量规模居全球第一

部署数量全球最多。2022 年，中国船籍在役的海上风电安装船共计 50 艘，占全球的 62.5%，全部在中国风电场中部署作业。从船舶数量和新建订单上分析，民营企业的船东拥有船舶较多，其次是传统海工企业、港航局（图 12-5）。此外，金融公司也加快投资进入。

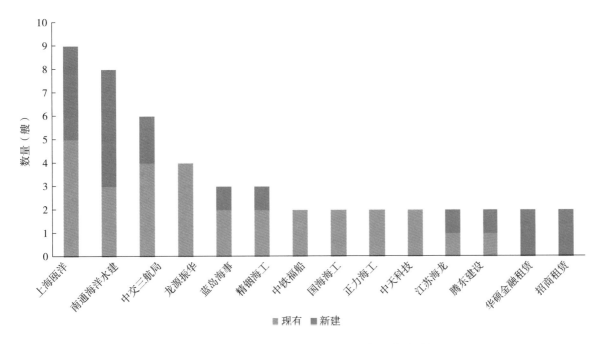

图 12-5 中国海上风电安装船主要船东船舶数量
数据来源：Clarksons、CNOOC EEI

订单数量全球首位。2022 年，大型海上风电安装船的投资持续增长；主要原因在于：一是看好中国海上风电的发展前景，二是机组大型化趋势倒逼安装船的性能提升，三是吊力大于 1000 吨的海上风电安装船仅占比三分之一左右。预计中国新增订单 18 艘，占全球的72%。

2. 利用率呈现断崖下降

利用率处于历史最低位。2022 年，海上风电建设速度明显放缓，安装施工市场需求降低。抢装潮退去后，大量不具备大型化机组吊装能力的海上风电安装船处于闲置或被迫退役的状态，整体利用率处于 55% ~ 60% 的历史最低位（图 12-6）。

3. 安全性成为行业焦点

船舶质量安全要求提升。2022 年，中国海上风电安装事故频发，造成大量人员伤亡和平台船舶设备损失。国家能源局印发《防止电力建设工程施工安全事故三十项重点要求》，风电施工安全成为行业监管的重点领域。行业将更多选用新建的专业化船舶，改装船舶和老旧船舶面临闲置并将加速退役。

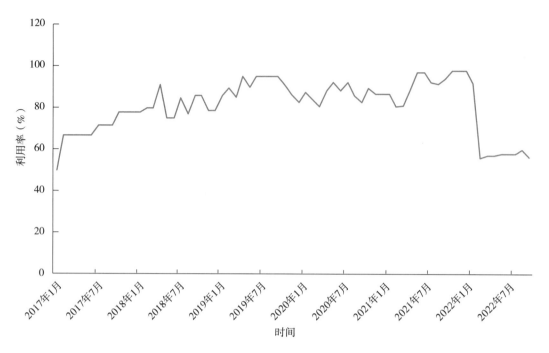

图 12-6　中国海上风电安装船利用率
数据来源：Clarksons、CNOOC EEI

四、2023 年中国海上风电安装船展望

1. 市场恢复迎交船高峰

2023 年，中国海上风电建设增速触底反弹，海上风电安装船也将迎来交付高峰，新服役的安装船预计超过 18 艘，占全球近 80%。船舶交付高峰，将倒逼原有老旧、小吊力安装船和改造船舶的退役，强化大型化机组、大吊力船型的发展趋势，有助于形成更加稳定的市场供需关系。

2. 投资建造模式呈现多元化

海上风电安装船具有投资较大、回收期较长的特点。目前主要的投资建造模式包括独立船东模式、合资公司模式及产融结合模式。其中独立船东模式不利于船队快速更新换代；合资公司模式下，开发商、整机厂商与海工企业成立合资公司采取优势互补的合作方式投资建船，例如中天科技与金风科技联合建造安装船；产融结合模式，有华夏金融租赁、招商局租赁等金融公司推出的融资租赁建船模式。

第三节　海上风电建设服务船回顾与展望

一、2022 年全球海上风电建设服务船回顾

1. 风场建设船增速放缓

新服役风场建设船增速放缓。2022 年，新服役的风场建设船 13 艘，同比增速 4%，比上一年下降 5.4 个百分点。新服役的服务船型，主要包括吊装起重船、运输起重船、多用途船。挖泥船、铺缆船和大型自升式平台等服务船型，已停止建设（图 12-7）。

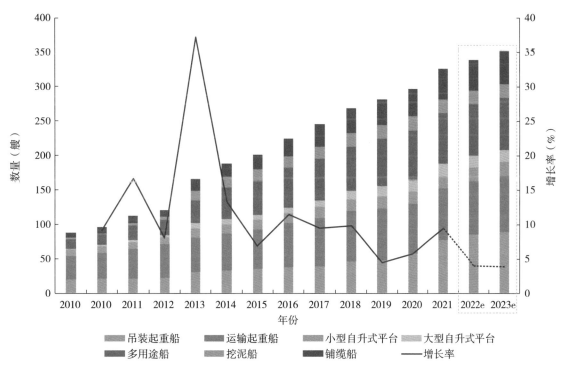

图 12-7　全球风场建设类船舶数量
数据来源：Clarksons、CNOOC EEI

新增订单数量下滑显著。2022 年，风场建设船新增订单仅有 7 艘，不到上一年的 30%；新增订单仍以传统海工平台转用为主，主要船型为起重船、铺缆船和小型自升式平台。

2. 支持与调查船新增量持续下滑

支持与调查船大部分由传统油气工作船和海工作业船转用，主要部署于位于欧洲和美国的海上风电项目。2022 年，未有新造船舶服役，仅增加了 2 艘老旧船舶（图 12-8）；新增

订单也只有 1 艘调查船，与 2021 年持平。

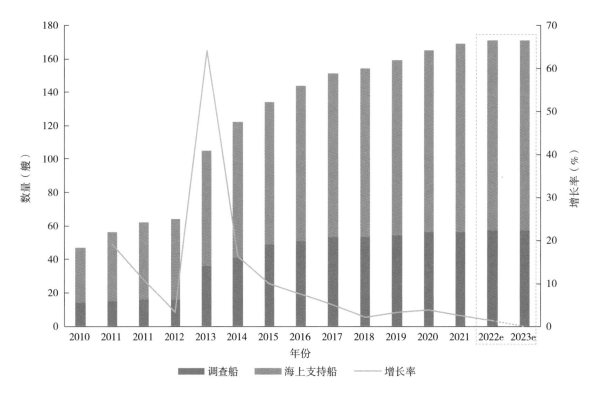

图 12-8　全球支持与调查船数量
数据来源：Clarksons、NOOC EEI

二、2023 年全球海上风电建设服务船展望

1. 风场建设船平稳增长

起重船是风场建设船的主力船型，执行升压站等模块安装，配合风电安装船进行机组安装。2023 年，大起重能力、高作业效率的新型起重船将替代老旧船舶，运输起重船交付数量将进一步增加，也将迎来较大数量的铺缆船交付。

2. 支持与调查船增长乏力

地质条件决定支持与调查船船型的选用。2023 年，调查船将伴随近海固定式海上风电项目稳步上升，但仍以老旧传统油气和海洋调查船为主，鲜见专门用于海上风电的调查船；基于深远海漂浮式海上风电发展大趋势的研判，调查船的需求将逐步降低。2023 年，海上支持船将进入市场饱和阶段，继续保持现有船队规模，仍无新订单。

三、2022 年中国海上风电建设服务船回顾

1.服役数量居世界首位

风场建设船数量全球第一。2022 年，中国服役的风场建设船 97 艘，占全球近 30%；船型以起重船为主，除了参与基础、模块等安装外，部分船舶还被用于机组安装（图 12-9）。

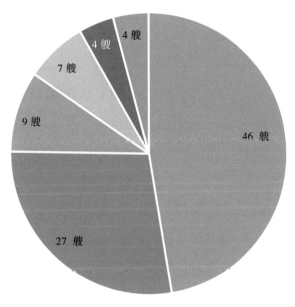

■吊装起重船 ■运输起重船 ■铺缆船 ■大型自升式平台 ■小型自升式平台 ■多用途船

图 12-9 中国风场建设类船舶数量类型

数据来源：Clarksons、CNOOC EEI

新船订单以民营企业为主。风场建设船的新订单中，福建恒生、中宇远洋海运、江苏龙胜等民企是主要船东，重点投资运输起重船。吊装起重船新订单的船东中，国有企业与民企各占一半。

2.支持与调查船以转用为主

中国支持与调查船主要由港航、海上油气工程船舶转用而来，尚未形成成熟的市场环境。海上支持船的数量很少，主要是拖轮、打捞船。只有中海油服 1 家公司拥有调查船。

四、2023 年中国海上风电建设服务船展望

1. 风场建设船需求回暖

从市场需求看，起重船仍是风场建设船需求主力，铺缆船、多用途船市场需求较为稳定，自升式平台则需要吊机改造升级。从船舶交付看，福建恒生、宝胜长飞订购的新型运输起重船和吊装起重船将服役；因支持更大型的机组及其基础、塔筒的吊装作业，吊力大于 3000 吨、性能更强的风场建设船将获得市场更多青睐。

2. 支持与调查船舶转向运维

2023 年，海上支持船的发展空间，因被风场建设船部分替代而变小，但随着运维市场的爆发或挤占部分运维船。调查船难有进一步发展的空间，因海上风电逐步走向深远海，近海固定式海上风电项目增长难以持续，但维持现有船队规模的市场需求仍然存在。

第四节　海上风电运维船回顾与展望

一、2022 年全球海上风电运维船回顾

1. 新建订单持续释放

船舶数量增速保持稳定。2022 年，全球海上风电运维船数量稳步增长，新增 58 艘，同比增长 34.9%。新增船型大部分为人员转运用普通运维船（CTV），同时运维母船（CSOV/SOV）、步行作业船（W2W）也都有一定的新增数量（图 12-10）。

手持订单数量持续走高。运维服务提供商面对建造船台紧张的市场，提前启动部署，预定 2 年后运维船的建造订单。2022 年，全球运维船手持订单数持续走高，CSOV/SOV 新增订单 16 艘，CTV 新增订单 45 艘（图 12-11）。

运维母船多部署在欧洲。除了 1 艘部署于中国台湾外，全球运维母船均部署于欧洲。英国部署了 12 艘，居全球首位；德国、荷兰位列其后，分别为 7 艘和 5 艘。挪威加快订购部署首艘运维母船。受限于欧洲海上风电发展速度缓慢，部分运维母船被迫用于油气项目作业。

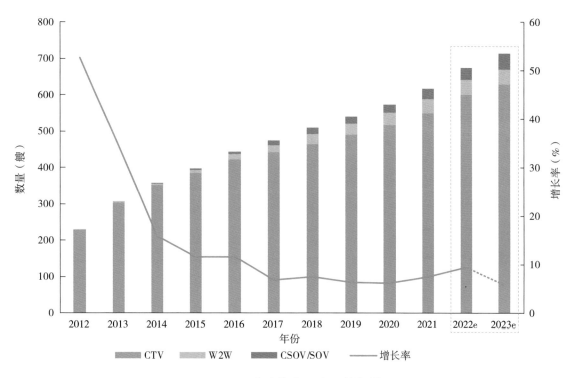

图 12-10　全球海上风电运维船数量
数据来源：Clarkson、CNOOC EEI

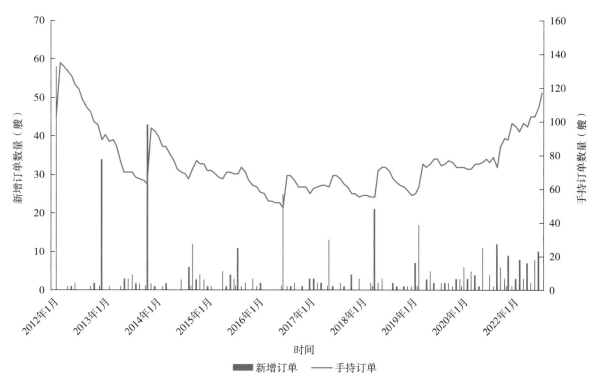

图 12-11　全球海上风电运维船新增订单和手持订单数量
数据来源：Clarkson、CNOOC EEI

2.绿色技术广泛应用

从运维母船（CSOV/SOV）近两年新增订单看，船用动力燃料更加清洁高效，拥有多样的双燃料或混合动力解决方案，绝大部分配置电池模组，部分船东已订购氨、氢等为预留动力的运维母船。人员转运用普通运维船（CTV）也有部分订单要求配置电池，并预留氢、生物燃料动力。此外，节能技术在运维船上逐步要求配置，最大程度减少排放和燃料成本。

二、2023 年全球海上风电运维船展望

1.舒适性要求提升

运维母船要满足海上风电运维人员长期停留居住的舒适性，对噪声、振动和耐波性提出了更高要求。欧洲部分船舶内部装修设计达到了星级酒店标准，并配备相关娱乐设施。未来深远海海上风电项目，将更加强调对运维母船安全舒适的要求。

2.向智能运维发展

海上风电运维手段逐步丰富，无人潜航器、无人机、直升机等运维技术日趋完善，对运维船提出了更高的适配要求。未来，功能差异化、专业化的运维船舶和平台将重塑运维船舶体系，形成多层次相互配合的装备体系，推动运维能力更加智能化。

三、2022 年中国海上风电运维船回顾

1.运维船舶投资加速发展

CTV 运维船加快交付。2022 年，中国的人员转运用普通运维船（CTV）共计 80 艘。完成交付 20 艘，超过 2021 年 15 艘的交付记录。中国首艘科考运维船"华东院 316"交付，可开展风电场海域水文、地质勘查以及桩基、塔筒检测等作业。此外，平湖华海、中国海装 001、海电运维 2 系列等专业运维船交付。

CTV 所有者相对集中。CTV 运维船 80% 以上的船东是专业运维公司、海工企业、开发商。从公司属性看，国有企业拥有运维船数量接近 60%（图 12-12），福建海电运维、国家电投、连洋航务已拥有规模化的运维船队，具备较强的运维服务能力。三峡、中广核、广东能源集团等开发商也逐步加入运维船舶投资行列。

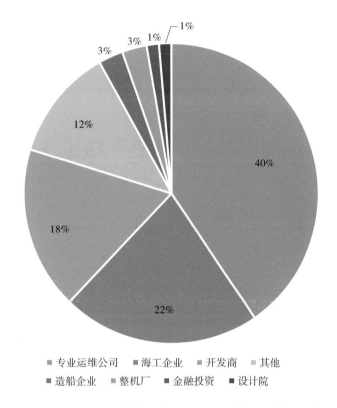

图 12–12　2022 年中国海上风电运维船所属企业分布

数据来源：Clarkson、CNOOC EEI

2. 专业运维母船启动建造

首艘运维母船开工建造。2022 年 2 月，上海电气采用"同步发电机 + 不可控整流"方案的 2 艘运维母船正式开工建设，将于 2023 年服役，结束中国无专业运维母船的局面。

四、2023 年中国海上风电运维船展望

1. 运维市场空间逐步释放

中国注重海上风电运维船的安全性、可达性、经济性。2023 年，中国海上风电运维市场需求将逐步走高，运维船舶市场订单有望快速增长，特别是专业化运维母船将得到投资的青睐。

2. 运维船舶迈向多元发展

海上风电运维船,除可进行基础、塔筒、风机故障检修外,还可兼顾科考、海缆巡检、水文地质测量等功能。基于不同海域、不同项目和不同运维企业的需求,中国运维船将向多元化方向发展。

(本章撰写人:李 楠 审定人:王学军)

投资动向

第十三章 石油公司海洋油气投资动向

海洋油气现已成为全球油气勘探开发的重要接替区域。海洋油气勘探开发项目投资较大，开发周期较长，但在陆上油气勘探突破难度加大的背景下，能为石油公司提供稳定的产量支撑，对公司可持续发展意义重大。本章根据 Wood Mackenzie 统计数据，选取 2012—2022 年海洋油气权益产量排名前列的 30 家公司，分析其海洋油气投资动向。

国际石油公司：埃克森美孚（ExxonMobil）、壳牌（Shell）、bp、Equinor、道达尔能源（Total Energies）、雪佛龙（Chevron）、埃尼（Eni）、必和必拓（BHP）、雷普索尔（Repsol）。

国家石油公司：沙特阿美（Saudi Aramco）、伊朗国家石油公司（National Iranian Oil Company）、巴西国家石油公司（Petrobras）、卡塔尔国家石油公司（Qatar Petroleum）、墨西哥国家石油公司（Pemex）、马来西亚国家石油公司（Petronas）、尼日利亚国家石油公司（NNPC）、阿塞拜疆国家石油公司（SOCAR）、阿布扎比国家石油公司（ADNOC）、印度石油天然气公司（ONGC）、泰国国家石油公司（PTTEP）、俄罗斯天然气工业股份公司（Gazprom）、委内瑞拉国家石油公司（PDVSA）、中国石油天然气集团有限公司（CNPC）、中国石油化工集团有限公司（Sinopec Group）、中国海洋石油集团有限公司（CNOOC）。

独立石油公司：康菲（ConocoPhillips）、西方石油公司（Occidental Petroleum）、赫斯公司（Hess Corporation）。

其他：国际石油开发株式会社（INPEX Corporation）、三井物产（Mitsui&Co）。

第一节 海洋油气全球布局

一、海洋油气勘探开发规模持续增长

海洋油气是全球油气勘探开发投资和产量增长的重要领域。2022 年，全球海洋油气勘探

开发规模进一步扩大,主要公司海洋油气产量较上一年增长 2.4%,已超过新冠肺炎疫情前水平,创历史新高(图 13-1)。

国家石油公司在海洋油气产量中贡献最大,2022 年占比达到 60.7%,较上一年小幅上升 2.7%。伊朗国家石油公司、沙特阿美在所有公司中遥遥领先,伊朗国家石油公司海洋油气产量已连续三年超过 5 百万桶 / 天。海洋油气产量超过 2 百万桶 / 天的公司还有 4 家,分别是卡塔尔国家石油公司、壳牌、巴西国家石油公司、埃克森美孚。

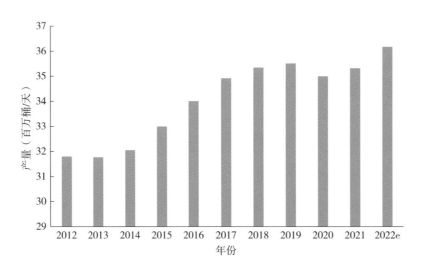

图 13-1　主要公司海洋油气产量
数据来源:Wood Mackenzie、CNOOC EEI

二、海洋油气产量区域分布相对集中

2022 年,主要公司的海洋油气产量在中东地区占比最高,达到 41.8%;南美、北美、北欧、东南亚地区的产量占比分别为 9.8%、9.8%、7.5%、7.3%;以上 5 个地区总计占主要公司近 80% 的海洋油气产量(图 13-2)。

从产量趋势看,2022 年,俄罗斯及里海地区海洋油气产量降幅最大,较上一年下降 18.9%;西欧、南欧、西非地区也均有不同程度的下降,分别较上一年下降 8.5%、6.6%、5.6%。加勒比海地区产量显著增长,较上一年上涨 21.0%。

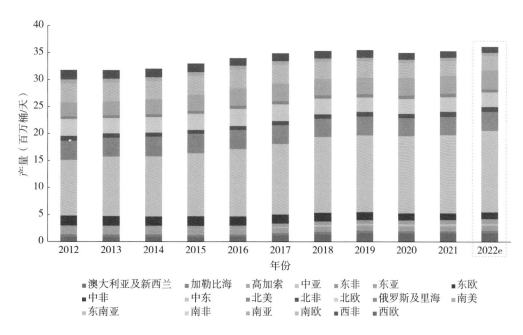

图 13-2　主要公司海洋油气产量地区分布
数据来源：Wood Mackenzie、CNOOC EEI

三、海洋油气持续向低碳化方向转变

主要公司的海洋油气产量一直以石油液体为主，约占油气总产量的 60%。随着低碳化进程持续推进，海洋天然气对石油公司低碳转型的重要性日益提升。天然气产量占比已从 2012 年的 38.7% 增长至 2022 年的 44.0%（图 13-3）。

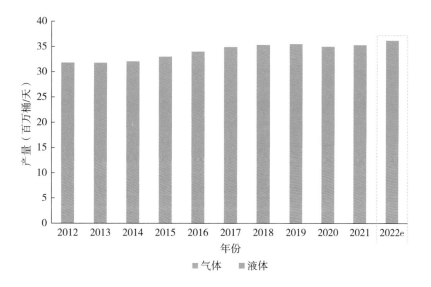

图 13-3　主要公司海洋油气产量油气比
数据来源：Wood Mackenzie、 CNOOC EEI

主要公司中，2022 年海洋天然气产量占比超过石油液体的公司已有 12 家，其中伊朗国家石油公司、卡塔尔国家石油公司、马来西亚国家石油公司的海洋天然气产量占比均超过 60%，特别是泰国国家石油公司海洋天然气产量占比超过 80%。

四、海洋油气投资仍将集中于资源优势地区

非洲成为国际石油公司寻求油气投资的新焦点。主要公司海洋油气重点投资区域包括中东、北美、北欧等地区。2022 年，在非洲的资本性支出达 75.03 亿美元，较上一年增长 29%，增幅显著。预计非洲海洋油气开发生产活动将显著加速，未来几年产量将出现突破。

总体而言，预计 2022 年主要石油公司的海洋油气勘探开发的投资规模将继续扩大。从公司来看，委内瑞拉国家石油公司、阿布扎比国家石油公司、泰国国家石油公司、卡塔尔国家石油公司、沙特阿美、雪佛龙、西方石油公司等公司的海洋油气投资增幅显著；从地区来看，投资增幅较大的地区主要包括北非、西非、中东、中亚等。

第二节 海洋油气项目开发

一、海洋油气项目数量分布高度集中

2022 年，30 家主要石油公司共有海洋油气项目 2845 个。其中，可能开发项目 237 个，占比 8.3%；开发项目 129 个，占比 4.5%；在产项目 1940 个，占比 68.2%；停止项目 482 个，占比 17.0%；弃置项目 57 个，占比 2.0%（图 13-4）。海洋油气项目总量与上年同期相比增长 16.8%，主要原因是在产项目增长 17.2%。

2022 年，可能开发项目数排名前 10 的公司的项目数总计为 221 个，占 30 家公司项目总数的比重高达 93.3%。位于前 10 名的石油公司可以分为两个梯队：第一梯队为 Equinor、bp、道达尔能源、埃克森美孚、雪佛龙、壳牌和埃尼，项目数量在 18 ~ 37 之间。排名第一的是 Equinor，共 37 个，占 30 家公司项目总数的 15.6%。第二梯队包括墨西哥国家石油公司、泰国国家石油公司、中国海油和巴西国家石油公司（并列），项目数量在 9 ~ 11 之间（图

13-5）。与上一年同期相比，道达尔能源、埃克森美孚和泰国国家石油公司的排名有所上升，雪佛龙和巴西国家石油公司排名有所下降，埃尼和中国海油是新进入前 10 名的公司。

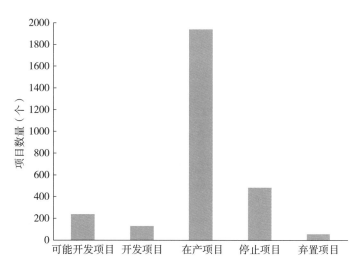

图 13-4　2022 年主要公司海洋项目数量
数据来源：Wood Mackenzie、CNOOC EEI

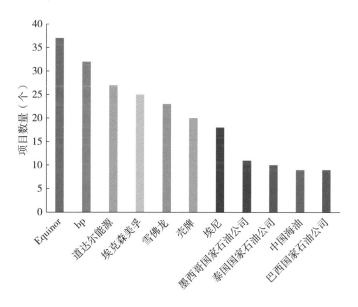

图 13-5　2022 年主要石油公司海洋可能开发项目数量
数据来源：Wood Mackenzie、CNOOC EEI

2022 年，开发项目数排名前 10 的公司的项目数总计为 118 个，占 30 家公司项目总数的 91.5%。其中，开发项目数超过 10 项的公司共 5 家，中国海油排名第一，项目数共计 24 个，印度石油天然气公司位列第二，项目数共计 17 个，埃尼、bp 和 Equinor 紧随其后。其余公司的开发项目数均在 10 个以下，处于 5 ~ 7 之间（图 13-6）。与上一年同期相比，埃尼、道达尔能源和马来西亚国家石油公司的排名有所上升，bp、Equinor、巴西国家石油公司、壳牌和泰国国家石油公司排名有所下降，阿布扎比国家石油公司和埃克森美孚是新进入前 10 名的公司。

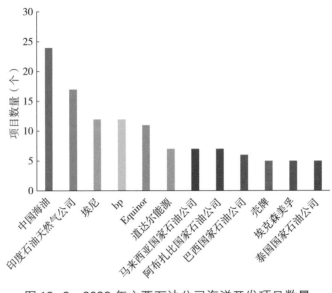

图 13-6　2022 年主要石油公司海洋开发项目数量
数据来源：Wood Mackenzie、CNOOC EEI

2022 年，在产项目数排名前 10 的石油公司的项目总数为 1783 个，占 30 家公司项目总数的 91.9%，单家公司的在产项目数在 79 ~ 248 之间。其中，在产项目数超过 200 个的公司包括道达尔能源、埃尼、壳牌和雪佛龙。中国海油和 bp 紧随其后，两家公司在产项目数均在 190 个以上（图 13-7）。与上一年同期相比，道达尔能源、埃尼、雪佛龙和 bp 的排名有所上升，中国海油、Equinor 和巴西国家石油公司排名有所下降，墨西哥国家石油公司是新进入前 10 名的公司。

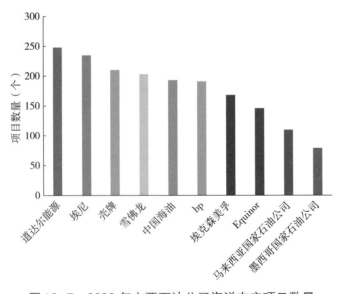

图 13-7　2022 年主要石油公司海洋在产项目数量
数据来源：Wood Mackenzie、CNOOC EEI

二、海洋油气产量可能存在接替不足的风险

2022 年，30 家主要石油公司的海洋油气在产项目共计 1940 个，开发项目共计 129 个，仅占在产项目的 6.6%，与上一年相比减少 1.2 个百分点。总体来看，主要石油公司海洋油气开发项目不足，可能存在产量接替能力不足的风险。

第三节　海洋油气勘探开发投资

一、海洋油气勘探开发资本性支出有所回升

2022 年，主要公司因油价大幅攀升，纷纷扩大投资以增加产量，海洋油气资本性支出略有增加，回升至 939 亿美元，但仍未恢复到新冠肺炎疫情前水平。

主要公司在中东地区的资本性支出最高，达到 306 亿美元，区域占比为 32.6%；北美地区位居第二，达到 138 亿美元，区域占比为 14.7%。非洲地区的资本性支出增幅最大，北非地区较上一年增长 126.7%，西非地区较上一年增长 73.7%。受乌克兰危机影响，主要公司在俄罗斯缩减资本投入，较上一年降低 25.8%（图 13-8）。

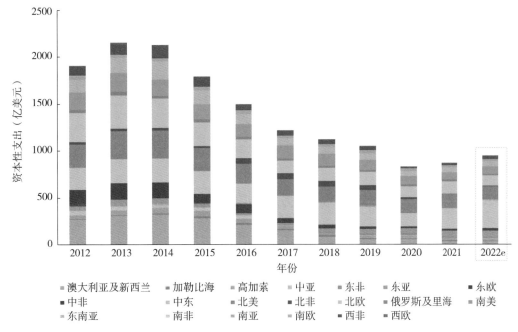

图 13-8　主要公司海洋油气年均资本性支出地区分布

数据来源：Wood Mackenzie、CNOOC EEI

二、海洋油气操作成本相对稳定

2022年，30家主要石油公司年均桶油操作成本的均值为8.3美元/桶，与上一年基本持平。尼日利亚国家石油公司、巴西国家石油公司年均桶油操作成本仍居高位，分别为13.9美元/桶，12.0美元/桶（图13-9）。

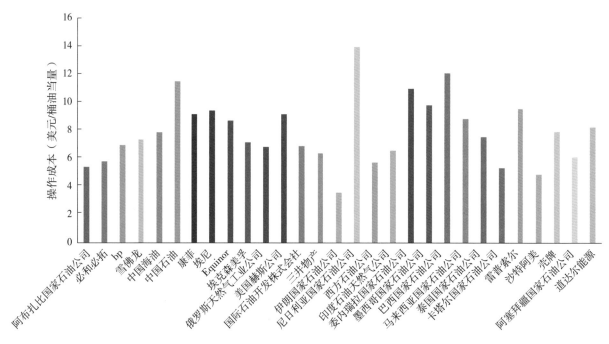

图 13-9　2022 年主要公司海洋油气年均操作成本
数据来源：Wood Mackenzie、CNOOC EEI

三、海洋油气项目盈利能力两极分化

截至2022年上半年，30家主要公司海洋项目净现值均为正值，总计2.24万亿美元，均值为745.85亿美元，同比增长43.4%。排名前15的主要公司净现值总计2.04万亿美元，占比91.0%。沙特阿美排名第一，净现值为4208.08亿美元，领先排名第二的阿布扎比国家石油公司1719.47亿美元。净现值超过1000亿美元的主要公司还有巴西国家石油公司、卡塔尔能源公司、壳牌、埃克森美孚和雪佛龙（图13-10），排名情况与上一年同期相比无明显变化。

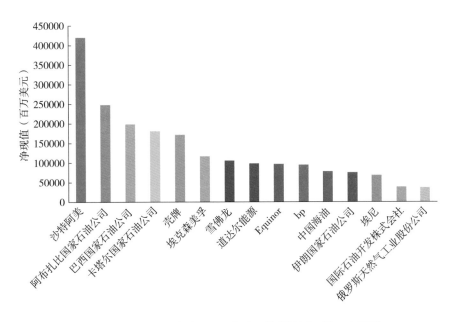

图 13-10　2022 年主要石油公司海洋油气项目净现值
数据来源：Wood Mackenzie、CNOOC EEI

四、海洋油气项目开发前景展望

　　未来，主要石油公司的开发进展取决于目前的在产项目、开发项目以及可能开发项目。在产项目将主要位于波斯湾北部的 Widyan、Santos、鲁布哈利、圭亚那和北卡那封盆地，作业者包括沙特阿美、巴西国家石油公司、阿布扎比国家石油公司、埃克森美孚和雪佛龙；开发项目主要位于鲁卜哈利、Rovuma、Santos、科特迪瓦和马来盆地，作业者包括卡塔尔国家石油公司、道达尔能源、巴西国家石油公司、埃尼和泰国国家石油公司；可能开发项目主要位于鲁布哈利、Rovuma、圭亚那、Bonaparte 和 Sergipe-Alagoas 盆地，作业者包括卡塔尔国家石油公司、埃克森美孚、道达尔能源、国际石油开发株式会社和巴西国家石油公司。

　　据估计，盈利水平较高的项目主要位于波斯湾北部的 Widyan、Santos、北卡那封盆地、Browse 盆地和圭亚那，作业者包括沙特阿美、巴西国家石油公司、雪佛龙、国际石油开发株式会社和埃克森美孚。

（本章撰写人：邢　悦　李　帅　审定人：彭仕云　崔　忻）

第十四章 国际石油公司可再生能源投资动向

第一节 2022年国际石油公司可再生能源投资

一、国际石油公司低碳并购整体趋势

2007—2022年，国际石油公司低碳并购金额整体呈现上升趋势。2022年上半年，道达尔能源、雪佛龙、bp、壳牌、Equinor、雷普索尔、埃尼7家国际石油公司参与的低碳并购共计32笔，预计全年将延续上半年的发展态势，交易规模再创历史新高（图14-1）。

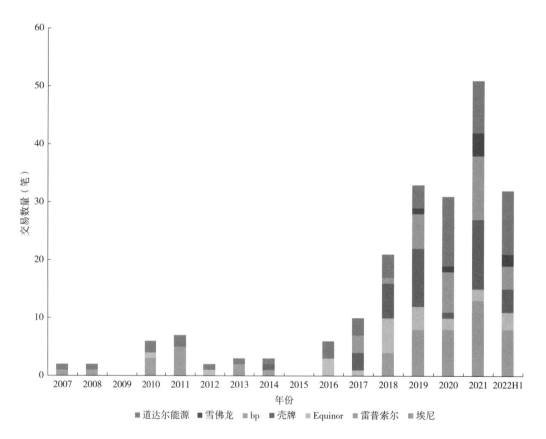

图14-1 国际石油公司低碳并购交易数量
数据来源：IHS Markit、CNOOC EEI

除 2017 年和 2019 年外，上述公司低碳并购金额呈逐年上涨的趋势。2022 年上半年，平均单笔金额显著增加，交易金额增长 139.8%，接近 2021 年全年的两倍（图 14-2）。道达尔能源、雪佛龙、壳牌三家公司贡献了 96.6% 的金额，分别为 44.7%、32.1%、19.8%。其中，最大的一笔交易是雪佛龙于 2022 年 3 月以 31.5 亿美元收购美国可再生能源集团。道达尔能源积极推动低碳业务快速发展，2017—2022 年低碳交易金额累计 108.77 亿美元，居 7 家公司之首。

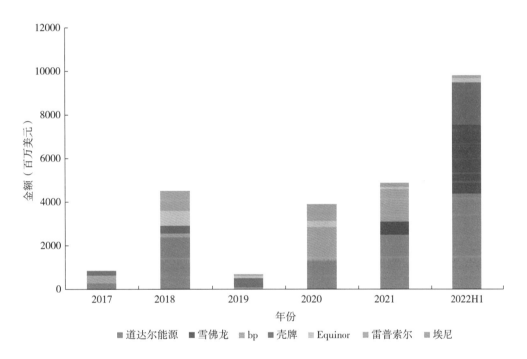

图 14-2　国际石油公司低碳并购交易金额
数据来源：IHS Markit、CNOOC EEI

二、国际石油公司低碳投资模式

并购与直接投资仍是国际石油公司快速开展低碳业务的重要方式。国际石油公司的低碳业务投资模式大致包括以下 7 种：IPO（initial public offerings）、业务拆分、政府授予、资产剥离、成立合资公司、直接投资、并购。2021 年起，IPO 成为国际石油公司低碳投资的主要模式，便于募集资金以及增强流通性。

2017—2022 年上半年，国际石油公司共发生低碳并购交易 127 笔，约占低碳投资数量的一半（图 14-3）；交易金额为 239.04 亿美元，占全部已披露金额的 60.9%（图 14-4）。

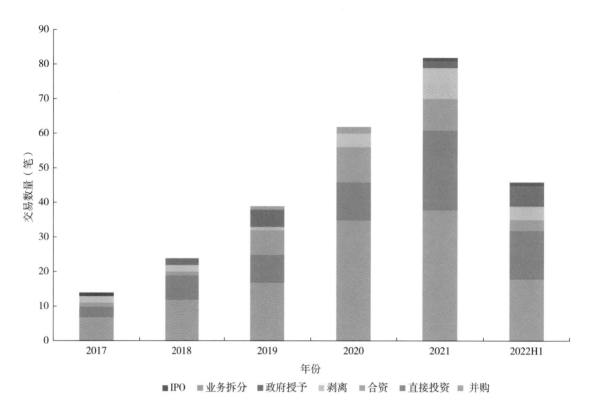

图 14-3　国际石油公司低碳并购模式（a）
数据来源：IHS Markit、CNOOC EEI

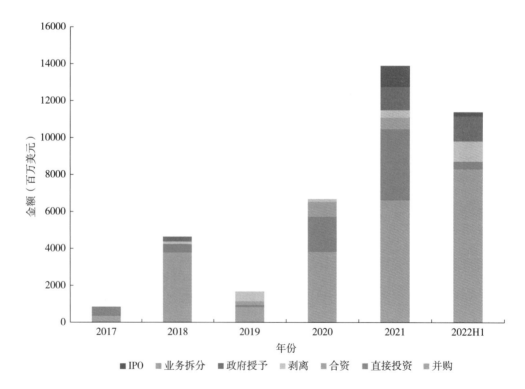

图 14-4　国际石油公司低碳并购模式（b）
数据来源：IHS Markit、CNOOC EEI

2022 年上半年，国际石油公司低碳并购交易 18 笔，交易金额已超过 2021 年，预计全年并购交易金额将超过 150 亿美元；直接投资交易 14 笔，保持增长趋势，其中只有 3 笔披露了交易金额（如雷普索尔以 1.33 亿美元直接投资加拿大的生物燃料公司 Enerkem）。政府授予的低碳项目数量随着各国加速推动能源转型而大幅增加，主要包括海上风电、大型 CCUS 等项目。

三、国际石油公司低碳技术并购发展趋势

发展低碳业务是国际石油公司顺应能源转型趋势的必然选择。整体来看，低碳技术并购呈现多元化发展趋势，陆上风光、海上风电、生物燃料等技术仍受国际石油公司青睐。2022 年上半年，低碳技术并购交易数量排名前 4 位的是陆上风光、CCUS、生物燃料、海上风电，合计占比 81.8%（图 14-5）；并购交易金额排名前 4 位的是陆上风光、生物燃料、海上风电、CCUS，合计占比 98.1%（图 14-6）。

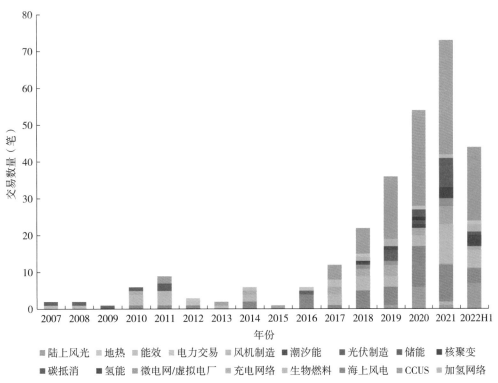

图 14-5　国际石油公司低碳技术并购交易数量
数据来源：IHS Markit、CNOOC EEI

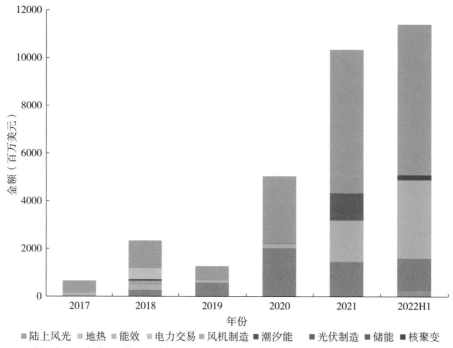

图 14-6　国际石油公司低碳技术并购交易金额
数据来源：IHS Markit、CNOOC EEI

四、国际石油公司低碳投资地区分布

低碳投资的地区分布更加全球化。欧洲、北美地区介入低碳产业的时间相对较早，能源市场更加开放，短期内仍将是国际石油公司低碳投资的主要地区。近年来，亚太地区、拉丁美洲及加勒比地区低碳产业发展增速加快，2022年将继续保持增长趋势（图 14-7）。

五、国际石油公司海洋可再生能源并购

国际石油公司海洋可再生能源并购仍以海上风电为主。2022 年上半年，国际石油公司海上风电并购规模有所扩大，交易数量与上一年同期基本持平（图 14-8），交易金额增长 6.2%（图 14-9）。道达尔能源表现最为突出，与绿色投资集团（GIG）和 RIDG 签订租约，在美国东海岸附近开发 3 吉瓦海上风电项目，同时在苏格兰开发 2 吉瓦海上风电项目；与波兰 KGHM 公司合作，参与波兰政府海上风电项目招标；获得北卡罗来纳州沿海开发 1 吉瓦海上风电场的特许经营权。

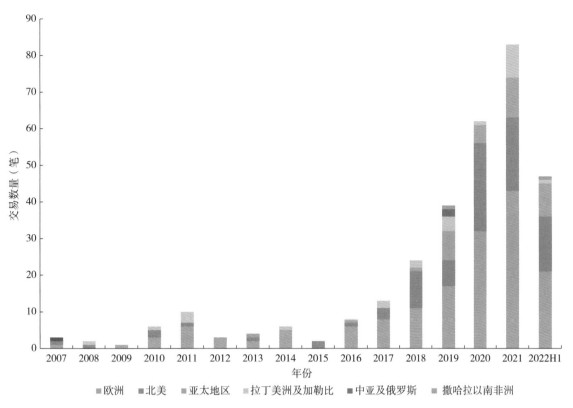

图 14-7 国际石油公司低碳并购地区分布
数据来源：IHS Markit、CNOOC EEI

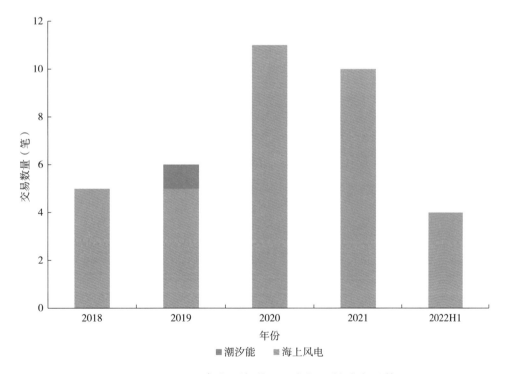

图 14-8 国际石油公司海洋可再生能源并购交易数量
数据来源：IHS Markit、CNOOC EEI

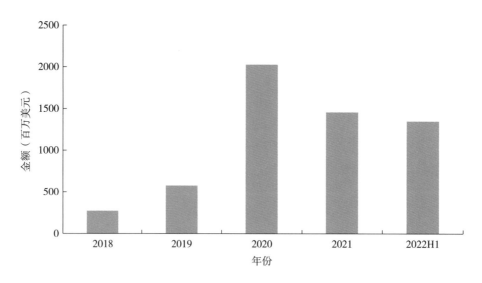

图 14-9　国际石油公司海上风电并购交易金额
数据来源：IHS Markit、CNOOC EEI

第二节　2023 年国际石油公司低碳投资展望

能源转型已成为人类历史发展大势。在新形势下，低碳投资成为国际石油公司实现"碳中和"目标的重要方向。

展望 2023 年，国际石油公司低碳投资将呈现以下三个特点：

国际石油公司低碳投资规模将继续扩大。国际石油公司因国际油价处于高位，整体业绩持续向好，现金流充裕，为持续推进新能源新产业的发展提供充足的资金保障。预计 2023 年全球油气价格仍处于高位，利好油气行业。在能源转型的大趋势下，国际石油公司继续推进转型业务，低碳投资规模持续增长。

国际石油公司低碳投资技术种类将继续保持多元化。国际石油公司受中长期目标、业务特点、区域布局、管理特点等内部因素影响，选择投资低碳技术呈现多种类型。除 CCUS、生物燃料、氢能、光伏、风电等主要方向外，还包括小型水电、地热、潮汐能、核能等方向。国际石油公司将广泛利用风险投资工具，积极开展相关技术布局与应用，为进军新领域奠定良好的技术基础。

国际石油公司低碳业务发展将更加聚焦，注重在重点领域发挥作用。在成本与碳减排目标约束下，国际石油公司将进一步利用比较优势，差异化发展低碳业务。例如，Equinor 凭借海洋石油工程经验大力发展海上风电，布局海上风电制氢业务。此外，海上风电、大型 CCUS、大型制氢项目因投资更大、技术更复杂，对开发商的能力提出严峻挑战，国际石油公司在这些领域的合作前景将越来越广阔。

（本章撰写人：陈　铭　和　旭　审定人：彭仕云）